如果做好心理准备，一切准备都已经完成。

——莎士比亚

二十几岁不可不知的心理学常识

蔡践 编著

成都时代出版社
CHENGDU TIMES PRESS

图书在版编目（CIP）数据

二十几岁不可不知的心理学常识 / 蔡践编著 .-- 成都：成都时代出版社，2018. 1（2023. 10重印）

ISBN 978-7-5464-1879-7

Ⅰ. ①二… Ⅱ. ①蔡… Ⅲ. ①心理学—青年读物 Ⅳ. ① B84-49

中国版本图书馆 CIP 数据核字（2017）第 160390 号

二十几岁不可不知的心理学常识
ERSHIJISUI BUKEBUZHI DE XINLIXUE CHANGSHI
蔡 践 编著

出品人	达 海
责任编辑	干燕飞 李 林
责任校对	周 慧
装帧设计	范 磊
责任印制	黄 鑫 陈淑雨
出版发行	成都时代出版社
电 话	（028）86621237（编辑部）
印 刷	天宇万达印刷有限公司
规 格	710mm × 1000mm 1/16
印 张	17
字 数	240 千字
版 次	2018 年 1 月第 1 版
印 次	2023年10月第2次印刷
印 数	8001-28000
书 号	ISBN 978-7-5464-1879-7
定 价	68.00 元

二十几岁
不可不知的
心理学知识
二十几岁
学会看懂你身边的人
二十几岁
如何走进他人的内心

本书概要

1. 二十岁后认清自我：必知的心理学常识；
2. 糟糕情绪何时休：情绪心理学；
3. 男人来自火星，女人来自金星：情感心理学；
4. 办公室里那些事儿：职场心理学；
5. 二十几岁，学点社交心理学；
6. 察言观色的心理策略；
7. 服饰察人：衣着辨别俗雅，妆饰彰显品位；
8. 行为察人：行为习惯藏心理玄机；
9. 声音察人：闻声听言而知其心；
10. 识破谎言的心理策略；
11. 吸引别人注意力的心理学；
12. 让对方打开心扉的心理策略；
13. 获取对方信任的心理学；
14. 说服对方的心理学。

前言

PREFACE

随着社会经济和信息技术的发展，我们面临更多的发展机遇，同时也面临更大的生活压力和工作压力。生活在都市的我们日日穿梭于繁忙的行程中，同时也置身于各种人际关系中。现代社会日趋激烈的竞争与压力，让越来越多的人产生了不同程度的心理危机，这种危机让我们紧张，让我们孤独与无助。当一些因心理问题而导致的骇人听闻的事件占据新闻头版头条时，当我们身边某些温暖幸福的家庭因个别人的心理疾病而破碎时，当一部分年轻人的心理防线崩溃时……我们有必要静下心来反思：我们怎样才能回到最初的那个自己，我们该怎样才能平衡内心的冲突、减轻心理的压力？答案就是：认识与学习心理学知识，有效地利用心理学指导工具来平和我们的心灵，改善我们的心境，指导我们的人生发展方向。

心理学是从哲学发展而来的一门独立的学科，可以说，许多心理学家同时也是哲学家。心理学从哲学中分化出来以后，经过总结和归纳，破解规律的理论基础，为我们今天了解和掌握人性心理提供了很大的帮助。现代科技发展越来越快，甚至有人说，电脑将取代人脑。从心理学的角度来说，这是不可能的。人类活动的所有动机都受制于人的心理活动，它不完全独立于客观世界，它是人的主客观相互作用的结果。找到了这种主客观相互作用的结合点，就掌握了人的心理活动规律。

目前，心理学已经涉及人类生活的方方面面，对人们的生活所起的作用越来越大，因此，掌握并能够应用一定的心理学知识在现代社会就显得尤为重要。鉴于此，我们编撰了这本《二十几岁不可不知的心理学常识》，旨在为年轻读者提供轻松、高效地掌握心理学的方法，帮助他们涤荡心灵、减压人生，让他们在日常工作和人际交往中更加得心应手，在未来的日子里拥有更多的幸福与更多的成功机会。

本书共分为三大部分，内容丰富全面，技巧实用，可读性强，以理论联系实际，以事例为佐证，贴近现实生活，循序渐进地介绍了心理学的基本知识及其在生活中多方面的应用，以帮助二十几岁的你洞悉人性，了解心理，趋利避险，智慧生存。

目录

CONTENTS

上篇

二十几岁，不可不知的心理学知识

第一章 二十岁后认清自我：必知的心理学常识

第二章 糟糕情绪何时休：情绪心理学

第三章

男人来自火星，女人来自金星：情感心理学

第四章

办公室里那些事儿：职场心理学

第五章 二十几岁，学点社交心理学

中篇 二十几岁，学会看懂你身边的人

第六章 察言观色的心理策略

第七章 服饰察人：衣着辨别俗雅，妆饰彰显品位

下篇

二十几岁，如何走进他人的内心

第十一章 吸引别人注意力的心理学

第十二章 让对方打开心扉的心理策略

上篇

二十几岁，不可不知的心理学知识

第一章

二十岁后认清自我：必知的心理学常识

对自己有个清楚的认识是人这辈子很重要的一件事。分析一件事做得好坏与否，除了从事情本身作正确判断外，还需要从自身找问题，这就需要对自己有一个正确的认识。二十几岁的年轻人在进取的道路上需要逐步去学习认识自己，对自己有更深入的了解，从而选对自己人生的发展之路。

认清那个你：本我、自我、超我

法国作家让·吉罗杜曾说过："从我们的幼年开始，每个人身上就编织了一件无形的外衣，它渗透于我们吃饭、走路以及待人接物的方式之中。这件外衣就是性格。"其实，这里所说的性格也可理解为人的秉性和人格。人格，从心理学上讲，表示一个人独特的思维模式、情感和行为模式。每个人的生活环境不同、经历不同，因此，才智、价值观、期望、情感及习惯都是不同的。除了独特性外，每个人的性格还有稳定性，这也能大致判断你以前是什么样的人，今后将成为什么样的人。

"心道"秘闻

2016年12月20日晚，广东某大学发生一起杀人事件。一名在校女学生戴某在跑步期间遭到校外人员王某的攻击，不治身亡。第二天，凶手王某落网后对犯罪事实供认不讳，他自述作案动机是："没钱吃饭，想干点坏事，就可以被抓起来，到派出所就有人照顾。"据审讯的民警透露，在审讯过程中，未发现王某思维有异常。

用"心"说"理"

看到这则新闻的时候，人们在震惊之余，不禁会产生疑问：为什么会发生这种事？

根据司法部司法鉴定科学技术研究所的评定，王某并不存在精神问题，也不是精神分裂，他的意识也很明确。从目前情况看，王某很可能是人格上有问题。据此，心理专家分析，王某可能是偏执性人格和攻击性人格的结合体。

通俗来讲，人格就是个性。心理学家弗洛伊德认为，人格由本我、自我、超我这三大系统组成。在一个精神健全的人身上，这三大系统形成一个统一、和谐的组织结构。当人格的三大系统相互发生冲突时，人就会处于失调状态，表现出一种对自己、对生活都不满意的情绪，活动效率也大大降低。在本案例中，王某就是因自身人格系统出现冲突，自己没能有效控制而出现的问题。下面我们来认识一下什么是本我、自我与超我。

1. 什么是本我

本我即“原我”，是指原始的自己，是一切生理能量的来源，它抛却一切社会道德规范，只求让本我依照快乐原则行事，急切地寻找发泄口；一味追求满足，求得个体的舒适、生存及繁殖乃是本我的目标。本我中的一切，永远都是无意识的。它就像人的本能，饿了想吃饭、渴了想喝水一样。

2. 什么是自我

自我即“自己”，是自己可意识到的执行思考、感觉、判断或记忆的部分。例如，儿童在商店看到一个十分喜欢的玩具，他想得到，这是本我在起作用；但他不能马上据为己有，他需要积攒足够的钱去购买，这就是自我在起作用。

3. 什么是超我

超我是人格结构中代表理想的部分，其特点是追求完美。在世界著名心理学大师弗洛伊德人格结构理论中，超我不仅包含道德良心部分，还包括自我理想，相当于人格结构中的管理者。例如，学习礼仪道德之后，人们懂得了尊敬，懂得了礼貌，知道通过合理的方式得到自己想要的，这是一种道德约束力。

只有一个人的本我、自我和超我三大系统始终是和谐的，才能保持心理健康。

乔韩窗口理论：帮助你认识自我

经过多年的研究，美国心理学家乔和韩瑞提出了关于自我认识的窗口理论，被称为“乔韩窗口理论”。

在“乔韩窗口理论”中，人始终处于一个对自己认识不断探索的过程。因为，每个人的自我都有四部分：一是公开的自我，这部分不仅自己了解，别人也了解；二是盲目的自我，别人能看清但自己却不了解；三是秘密的自我，这部分只有自己知道，别人不知道；四是未知的自我，是自己和别人都不知道的部分，但是可以通过某一个契机被激发出来，我们来看下面的案例。

“心道”秘闻

一个小男孩给安德烈太太打电话说：“您是否需要请一个割草工呢？我想我可以帮您。”安德烈太太说：“真是抱歉，我已经请过了。”这个小男孩又说：“我还可以帮您拔掉花丛里的杂草，保证一根杂草都不留！”安德烈太太回答说：“我的割草工已经做了。”小男孩又说：“那我还可以帮您把院子里的走道打扫干净。”安德烈太太说：“谢谢，我请的那人也做了，我暂时不需要割草工，抱歉。”小男孩挂了电话。小男孩的哥哥问：“你不就是那儿的割草工吗？为什么还要打这个电话？”小男孩得意地笑着回答：“我只是想知道我做得有多好！”

用“心”说“理”

从案例中可见，这个小男孩十分聪明，他通过别人的口来了解自己，更是一个敢于认识自己的人。我们每个人在认识自己的时候，总是会受到别人的影响，不经意间就会把他人对自己的评价作为参照物来规范自己的所作所为。但是这种认知自我的方式并不完全正确，甚至有时会出现偏差和错误。那么，我们应该怎样正确认识自己呢？关于认识自我，可以尝试通过以下三种渠道进行：

1. 在交往中认识自我

与他人交往是认识自我的一个重要途径。有个词汇叫“镜我”，是心理学上从他人的评价中来反应出自我的一个概念。我们无时无刻不在跟他人交往，从幼年到成年，从简单的家庭关系、同学关系，到进入社会更加复杂的人际关系。我们要善于借助这些交往经验向别人学习，然后按照自己的需求规划自己的发展路径。

2. 从做事的经验中了解自我

一般情况下，每个人取得成果、成就的过程就是一个学习的过程。面对成败得失，个人得到的经验价值也是因人而异的。对于那些坚强而又聪明的人来说，不管是成功还是失败，这些经验都能够促使他再次成功。因为他们足够了解自己，能够汲取失败的教训，避免重蹈覆辙；对于那些性格脆弱的人来说，失败的经验只会让他们变得更加挫败和灰心。他们无法从失败中总结经验，不敢面对现实中的困境；对于那些自大的人来说，成功反而容易成为他们的失败之源。因为一点小小的成功，他们可能就会变得骄傲自大，变得不自量力，结果遭遇的失败往往比成功多得多。总而言之，每个人都应该学着从做事的经验中了解自我，甄别自我，了解自己的优缺点。

3. 从“我”与自己的关系中认识自我

我们可以试着从以下角度认识自我：第一，我眼中的“我”。包括自己的身体、容貌、年龄、工作、性格、气质、能力等方面。第二，他人眼中的“我”。通过与他人交往，我们可以从他人的态度、情感反应而感觉到的“我”。不同性格、不同类型的人对自己的评价是会存在很大差异的，我们可以从多数人的反应中归纳认识。第三，自己心中的“我”。指对自己的期待，即理想中的自我。

通过上述三种渠道，我们可以比较全面地认识自己，取他人之长补自己之短，进而完善自己。

瓦拉赫效应：发挥优势铸就自信

在心理学中，人们把那些大智若愚者的特殊才能被正确发掘后所发生的巨大变化现象，称为“瓦拉赫效应”，就是指找到自己的优势，不断在优势中挖掘潜能，就能取得不凡的成就。

"心道"秘闻

奥托·瓦拉赫是一名伟大的化学家，诺贝尔化学奖获得者，但他并不是一开始就选择了化学。在他上初中的时候，父母给他报了文学班。一个学期过后，老师认为他难以成为文学之才。

文学之路行不通，父母让他改学油画。然而，结果同样让人失望，瓦拉赫的油画成绩在班里倒数第一。大部分老师都认为他是一个绘画艺术方面不可造就之才，只有化学老师认为他做事一丝不苟，具备学好化学的素质。在化学老师的建议下，他改学了化学。令人惊奇的是，这次的选择一下点燃了瓦拉赫的智慧之火，他在化学方面表现得十分出众，这个文学艺术的"不可造就之才"竟然成了公认的"前途无量"的化学高才生。事实证明，瓦拉赫在化学方面取得了巨大的成就，并于1910年获得诺贝尔化学奖。

瓦拉赫从"笨学生"到获得诺贝尔奖的故事告诉我们，每个人都有自己擅长的一方面、有自己独特的优势和潜能，只要我们能够找到它，并充分发挥这方面的优势，就能取得相应的成绩。

用"心"说"理"

一个人如果不知道如何利用自己的优势，就像一支在白天点燃的蜡烛，白白地牺牲了自己的时间和生命。一个人如果不懂得利用自己的优势来给自己的事业添砖加瓦，就像一名站错队伍的士兵，即使你再循规蹈矩，也无法找到自己正确的位置和方向。那么，如何做到认识自我，发挥自己的优势，从而在竞争中获得领先位置呢？可以从以下几点做起：

1. 要对自己有信心

一个人如果连最基本的自信都没有，就等于一开始就输在起跑线上。如果能有充足的自信心，就能够有勇气和力量挑战困难和挫折，能够更加从容地发挥自己的优势，改正自己的缺点。

2. 准确定位，选好自己的位置

认识自己、发现自己的优势后，就要想办法将自己的特长发挥出来。

二十几岁的你在进入社会前，就要有准确的目标和定位，将自己放到正确的位置上，这样才能按照自己的计划一步步走向成功。

3. 不轻易放弃自己的选择

一个人的长处不可能只有一个，但是一旦你决定将其中一个作为自己职业的起步，就不要左顾右盼、三心二意，不然只会顾此失彼，在职场中摇摆不定。只有不轻易放弃自己最初的选择并努力坚持下去，才能看到成功的曙光。

第六感觉：你所不了解的自己

所谓的第六感觉，就是除了听觉、视觉、嗅觉、触觉、味觉之外的“心觉”，也就是人们常说的“直觉”。阿尔伯特·爱因斯坦曾经说过：“真正有价值的东西就是直觉。”当你在思考某个问题的时候，你的头脑里突然闪现一个清晰而明确的想法。但是，当你仔细考虑这个想法时，却无法从逻辑上解释它由何而来，这就是所谓的“直觉”。

“心道”秘闻

1984年，一名超心理人士到阿什哈巴德作表演。刚到这座城市时，强烈的不安迫使他无法再待下去，于是他放弃表演离开了。

三天后，阿什哈巴德发生了一场大地震，造成5万人伤亡。有些人天生敏感，在危险到来之前就能感觉到异常，进而躲避祸患，这种直觉就像一种预知未来的超能力。不过，这种直觉并不能解决一切问题，它并非是人类思考的结果，只是人的本能知觉之一罢了，所以并不能完全依赖。

用“心”说“理”

直觉是人们对于事物或问题的不经过反复和深入思考的一种直接洞察。它并不是由你的感官作出的判断，而是一种不同于逻辑推理和其他思维形式的思维。就好像那些觉得一个英文句子有问题的人，不一定学过英语语法，但是他的判断却可能是对的。当你问起他如此判断的原因时，他多半会说："我感觉上是这样。"

不过，在这个崇尚理性的时代，很多人根本不相信自己的直觉——除了那些尝过甜头的人。

现代的科学研究已经让我们对直觉有了更多的认识。大多数科学家已经承认，虽然直觉很神秘，但它是人类另一个认知系统，是和逻辑推理并行的一种能力。如果我们能够把直觉引入有意识的思考当中，与一般的思考形式相结合，那么就会像汽车打开了左右两个大灯一样，同时照亮认识和创造之路。

以下就是培养和呵护直觉力的几种方法：

1. 增长知识，开阔视野

知识是直觉思维的基础。如果头脑中根本无知识单元，那么怎能运用逻辑思维将头脑中某些知识储备单元巧妙地结合起来呢？直觉首先是通过思维对事物本质进行把握，进而能产生概念或多种判断。如果对研究的对象所知甚少或者一无所知，那么要通过直觉把握该事物的本质是不太可能的。知识面越广，就越能触类旁通，通过联想、想象等诱发直觉的产生。

2. 培养和锻炼思维的穿透力

直觉是用思维直接觉察事物，它深入事物的内部、涉及事物的本质，形成关于事物的理性认识。因此，思维的穿透能力是衡量直觉能力的一个重要标志。人们生活在纷繁复杂的客观世界之中，事物之多，应接不暇。所以，要想培养和提高自己思维的穿透力，就要集中自己的注意力来研究事物，其锋芒所在，穿透力就强，从而更容易认清事物的内在本质。

3. 有张有弛

直觉有时出现在自觉思考中，但更多的是由潜意识在思考之余突然闪现。当人经过长时间的思考后还是一筹莫展之时，最好暂时放下思考的问题。在睡梦中，在散步时，在听音乐时，在与人闲聊时，闪烁创新火花的直觉和突如其来的灵感，有可能使人获得"曲径通幽处，禅房花木深""山重水复疑无路，柳暗花明又一村"的体验。

4. 保持敏锐的察觉力

直觉带有一定的模糊性和不确定性，如果认识上缺乏必要的察觉力，那么有时候直觉就会被我们忽略掉。直觉开发专家萝珊娜芙提出一个“三定律”来教人辨认直觉。“当一个想法出现的时候，让它走；当它再出现的时候，再让它走；假如它第三次再回来，就可以放心地听从这个感觉。”

5. 放松独处

不管是独自漫步、独自开车，抑或是休息或沐浴，都是体察内心、找回直觉的大好机会。只有在放松、舒适、闲暇的环境中，人的内心才会顿悟和明朗，进而迸发灵感或妙计。

6. 平静心灵

当我们内心充满杂念或感到忧虑的时候，我们的注意力是无法集中的，既听不到心里的声音，也没有办法接收外在的信息。我们有必要暂停自己当下忙碌的生活与工作，聆听自己的内心，用自己的直觉作出判断。这个过程是通过内心的修炼来培养的，如禅宗的冥想，它提供了一个通过静坐及观察身体、思想和呼吸，从而从活跃的分析过程进入一种冥想状态的机会，恢复平静的状态，厘清思路。有时则要打破一般的思维习惯，为思索新事物创造空间。

罗森塔尔效应：说你行，你就行

赞美、信任和期待是一种正能量，它能改变人的行为。当一个人获得另一个人的信任或赞美时，他便感觉获得了社会的支持，从而增强了自我认同感，变得自信、自尊。获得一种积极向上的动力，并尽力达到对方的期待，以避免令对方失望，这就是所谓的“罗森塔尔效应”。

“心道”秘闻

周康大学毕业之后，就职于一家广告公司。她在公司一直表现平平。她的上司是个傲慢、刻薄的女人，经常对周康的工作指指点点、挑三拣四，对员工经常泼冷水。有一次，周康接待了一个客户，回去后，她主动做了一个针对性的策划案，第二天高兴地交给女上司看；女上司非但没有赞赏她，还把她骂了一顿，说她不专心于本职工作。

周康很受打击，以后再也不敢关注自己职责范围之外的事了。周康觉得，上司之所以老是找她麻烦，是因为她不像其他同事那样奉承她。她知道自己确实是一个不会溜须拍马的人，根本不可能在短时间内得到上司的青睐。于是，周康不敢再多说话、多做事，并时刻准备着跳槽走人。

不久，公司从其他部门新调来一个上司丽娜。丽娜是从国外回来的，热情洋溢、开朗向上，对员工赞赏有加。和她相处，总感觉有一股用不完的干劲。在新上司的感染下，周康开始发表自己的观点，还受到新上司的肯定与表扬。上司的积极鼓励使周康对自己的工作充满信心，并积极地开展工作：起草合同、参与谈判、跟客户周旋，就连周康自己也惊讶于自己的表现，她竟然不知道自己还有这么多潜能可以发掘。原来那个沉默害羞的周康不见了，如今的她面对客户沉着自信、冷静应对。周康的变化，就是“罗森塔尔效应”起了作用。

用“心”说“理”

“罗森塔尔效应”与曾经流行的一种话“说你行，你就行，不行也行；说你不行，你就不行，行也不行”有异曲同工之处。从心理学角度而言，这种说法是有一定道理的。从某种程度上来讲，当一个人得到他人的鼓励、肯定与赞赏时，就会获得一种非常良好的自我感觉，他给自己的心理期许也很大程度上能成为现实。说你是英雄，你很可能成为英雄；说你是天才，你也很可能成为天才。

如果不被重视，生活在满是负面评价的环境中，人也会变得消极低沉，对自己作出负面评价；在充满赞赏、肯定与信任的环境中，受到鼓舞的人极易往好的方面发展，心态随之改变，行动越来越积极，朝着自己的目标前进。

羊群效应：做自己的主人，不被外界左右

“羊群效应”也叫“从众效应”，是一个人的思想观念或行为受到真实的或想象的群体影响或压力，而向与多数人的观点靠拢的现象。简而言之，就是不能坚持自己的观点或根本没有自己的观点而随大流。

“心道”秘闻

一位石油大亨兴致勃勃地跑到天堂参加会议，可一到现场发现没有一个座位是空的。这时候，他想了一个“妙计”，大声喊了一句：“我听说地狱里发现了丰富的石油！你们都听说了吗？”

这话一出，那些坐着的石油大亨们赶紧站起来，急匆匆赶往地狱，生怕别人抢了先。天堂顷刻间空了下来，于是石油大亨随便找了个位置坐下来，正歇息的时候，忽然听到有人议论地狱里的石油可真不少、利润丰厚等等。这位富翁听到后，立马也冲向地狱，因为这是他最早“发现”的。这时候，天堂真的空无一人了。

这则幽默笑话告诉我们：盲目跟风是一件多么可笑的事情。

用“心”说“理”

现实生活中，那些身残志坚或身处逆境中的人，他们之所以能够取得成就，就是因为他们时刻都提醒自己“我”的存在。“我”就是自己的主人，只有“我”才能驾驭自己的命运。拥有了这种自我意识，就拥有了无穷无尽的力量，即使面对再大的挫折、再大的磨难，也不能阻挡自己前进的脚步。

做自己的主人，我们的人生才会变得饱满而充实，才会符合我们内心的企盼与憧憬。我们每个人都应该明白，“我”是属于自己的，是这个世界上独一无二的存在，没有人能够代替我，也没有人能够主宰我的命运——除了我自己。另外，我们还应该懂得如何去驾驭自己的命运，这是面对挫折与磨难所必须具备的素质。一个人只有能够驾驭自己的命运，才有资格成为自己的主人。要有自己的思想，有辨别是非的能力，在磨难中能够作出最正确的决断，找到最合理的解决方法。只有拥有这种果断从容的气质，才能在人生的道路上奋勇向前。

人们常说，人生的道路就在自己的脚下，就看我们如何去选择：是做自己的主人、驾驭自己的命运，还是在磨难中随波逐流、被外物所左右呢？相信每个人都已经有了自己的答案。

心理自尊：不能随意触碰的心灵禁区

心理自尊是指一个人希望在各种不同的情境中，自认为有条件、有能力胜任某些工作的心理，这是自信的表现。我们的内心一旦得到满足，便可在心理上产生积极的激励作用，使其对自己充满信心、对社会充满热情，感受到自己在生活和工作中的价值。

“心道”秘闻

有一次，斯大林的牙齿出现了问题，打算好好镶颗牙，于是去了克里姆林宫医院。

斯大林问牙医：“我想镶颗牙，您看是金牙好还是玉牙好呢？”

“当然是玉牙好，金牙只是看起来高贵，而玉牙则让人感觉舒服。”牙医脱口而出。

听了牙医的话，斯大林笑了笑，说：“我如果想镶颗金牙呢？”

牙医仍然坚持己见：“玉牙比金牙舒服多了，用起来方便许多。”

斯大林的脸沉了下来，气氛有些严肃。斯大林再次强调并提高了声音：“斯大林同志想镶一颗金牙，而不是一颗玉牙！”

看斯大林似乎有些怒气，牙医有些害怕，便嗫嚅着说：“那好，那好。”

尽管如此，牙医还是准备了两颗牙，一颗金牙，一颗玉牙。

牙医先给他试了一下金牙，又给他试了一下玉牙，让他自己感觉一下哪种牙更好。

试过之后，斯大林笑笑说：“确实是玉牙更舒服一些，但是我还是想镶一颗金牙而不是一颗玉牙。”

牙医说：“金牙和玉牙您都拿回去试试，一周之后，您再作决定，到时候我再给您固定下来。”

最终，斯大林也没有镶好自己想要的金牙，气急败坏的他回到办公室，立即拨通了克里姆林宫医院院长的电话，说：“下令让那个不尊重人的牙医立马滚蛋！让他今天晚上就走，走得越远越好，我不想再看到他！”

用“心”说“理”

这是一个有关自尊心的故事。牙医坚持科学事实的行为冲撞了一国之君的威严，结果，牙医就落了个被扫地出门的下场。

自尊是自我评价的一个重要组成部分，心理学上的自尊，不同于我们平时说的自尊心。心理学上的自尊是个人对自我价值和自我能力的情感体验。我们说某个人自尊心很强，并不代表他有高水平的自尊。当受到赞赏或表扬时，我们的自尊心水平就会上升。自信、自重、自豪的人都有高自尊，他们渴望获得别人的认可，胆小、怯懦、缺乏自信的人往往低自尊，他们总是不停地自我批评，情绪焦虑不安。

美国积极心理学大师阿兰·科尔认为，提升自尊可以从以下四个方面做起：

1. 技能训练

个人可以通过不断的学习提升社交、学业、工作等能力来提高自尊。

2. 环境改变

居住环境、学习环境、工作环境、人际交往环境的改变可以帮助我们提升自尊。例如居住地搬迁、工作培训等。

3. 认知治疗

认知治疗可以从两个方面来理解，第一是利用心理咨询的方法；第二是利用积极心理学中的一种自我心理、思维和心态调整的自我身心保健的方法。

4. 提高自我幸福度

深刻理解幸福的含义，培养自己的积极心理和情绪，并充分体会自己已有的幸福，以此提高个人的心理自尊。一个对幸福没有理解的人，不可能有积极的情绪和正常的自尊评价。

心理测试：你具备什么样的品性

测试导语

完成下面的测试，看看你的品性是怎样的。

测试开始

1. 在一天的时间里，你何时感觉最好？

A. 早晨；B. 下午及傍晚；C. 夜里

2. 你走路的姿势是怎样的？

A. 大步地快走；B. 小步地快走；C. 不快，仰着头面对着世界；D. 不快，低着头；E. 很慢

3. 当和一个人说话时，你会怎么做？

A. 手臂交叠站着；B. 双手紧握着；C. 一只手或两手放在臀部；D. 碰着或推着与你说话的人；E. 用手摸着下巴或用手整理头发

4. 坐着休息时，你的姿势是怎样的？

A. 两膝盖并拢；B. 两腿交叉；C. 两腿伸直；D. 一腿蜷在身下

5. 碰到让你感到发笑的事情时，你的反应是怎样的？

A. 欣赏得大笑；B. 笑着，但不大声；C. 轻声地咯咯笑；D. 羞怯地微笑

6. 当你去一个派对或社交场合时，你会怎样？

A. 很大声地入场以引起注意；B. 安静地入场，找你认识的人；C. 非常安静地入场，尽量不被别人注意

7. 在你一心一意工作的时候，有人打断你，你会怎样？

A. 欢迎他；B. 非常恼怒；C. 在上述两者之间

8. 下列颜色中，你最喜欢哪一种颜色？

A. 红色或橘色；B. 黑色；C. 黄色或浅蓝色；D. 绿色；E. 深蓝色或紫色；F. 白色；G. 棕色或灰色

9. 临入睡的前几分钟，你在床上的姿势是怎样的？

A. 仰躺，伸直；B. 俯躺，伸直；C. 侧躺，微蜷；D. 头睡在一侧手臂上；E. 被子盖过头

10. **你在做梦的时候，经常梦到自己在干什么？**

A. 落下；B. 打架或挣扎；C. 找东西或人；D. 飞或漂浮； E. 你平常不做梦；F. 你的梦都是愉快的

评价标准

题号	各题分数							得分
	A	B	C	D	E	F	G	
1	2	4	6					
2	6	4	7	2	1			
3	4	2	5	7	6			
4	4	6	2	1				
5	6	4	3	5				
6	6	4	2					
7	6	2	4					
8	6	7	5	4	3	2	1	
9	7	6	4	2	1			
10	4	2	3	5	6	1		
							总得分：	

心理透析

低于 21 分：你是一个内向的悲观者。你是一个害羞的、神经质的、优柔寡断的人，永远要别人为你做决定。你是一个杞人忧天者，有些人认为你令人乏味，只有那些深知你的人知道你不是这样。

21~30 分：你是一个缺乏信心的挑剔者。你勤勉、刻苦、挑剔，是一个谨慎小心的人。

31~40 分：你是一个以牙还牙的自我保护者，一个明智、谨慎、注重实效的人。

41~50 分：你是一个平衡的中道者。你是一个有活力、有魅力、讲究实际，而且永远有趣的人。

51~60 分：你是一个吸引人的冒险家 。你是一个令人兴奋、活泼、易冲动的人。

60 分以上：你是一个傲慢的孤独者。你是自负的自我中心主义者。

第二章

糟糕情绪何时休：情绪心理学

人生一世，不如意之事十之八九。面对这些不如意，有的人表现出愤怒、恐慌、悲伤、沮丧、退缩等情绪，不但影响生活和工作，而且损害心理健康，甚至导致心灵的扭曲。而有的人面对糟糕的情绪时，能够主动去调节，慢慢让自己的情绪变好。

情绪发泄心理：不发泄总有爆发的一天

有情绪要及时宣泄出来，特别是对方带来的负面情绪。心理学家在做了大量的实验后发现，在受到来自他人的不良情绪影响时，一味地隐藏与压抑并不利于身心健康，长期的情绪压抑会导致沮丧和疲惫，甚至会破坏自己的美好生活。在生活中，如果情绪挤压到很大程度未能及时发泄，总会有爆发的一天。让我们看看下面这个案例。

“心道”秘闻

小利和小张谈恋爱 3 年，两人终于熬到了谈婚论嫁。男方给了女方 5 万元礼金，准备年底结婚。

两人同居后没多久，小利经常责骂男朋友，每次都是因为一点小事，小张每次都忍气吞声。

有一天，小利又开始责骂小张，压抑很久的小张这次一下子爆发了，还动手打了小利，于是双方就开始大打出手。结果两人因为此事分了手，男方也损失了 5 万元礼金。

用“心”说“理”

对于来自外界的负面情绪，没有统一、绝对的应对之法，唯有了解并掌握通常的应对技巧，才能最大限度地避免负面情绪的困扰。

1. 换位思考，对事不对人

当冲突发生的时候，首先应该做的就是冷静下来，理智地分析问题，把人做的事和做事的人区分开来。如果做事的人引起了我们的负面情绪，那么我们需要说服自己换位思考，试着站在对方的立场思考问题，这是寻求解决之道的捷径。同时用尽量平静的语气告诉他“我的不满是针对你做的事，而并非针对你个人。”

2. 情绪释放要及时

如同之前提到的，情绪释放的方式并不适合每一个人，但这并不能否认情绪释放是个不错的方法。就好比艾克哈特·托尔曾描述过的两只鸭子，在动物的世界里并不缺少冲突，它们处理冲突的方式有时也值得人类借鉴：两只鸭子在发生冲突之后，马上会各自分开并释放累积的多余能量，然后它们就能像冲突发生之前一样继续一起快乐地在水面上漂流。

快速摆脱不良情绪是一种重要的情商，能够帮助人们将情绪释放或转移，同时减少压力，对身体状况也会有正面的影响。

3. 情绪表达要适度

如果只是一味地换位思考，替他人着想或者压抑自己的情绪并不能解决问题，而且对我们的身心毫无益处，正确的做法是择机适度地表达出我们的不满、愤怒和谴责，在给自己不良情绪找到出口的同时也能让对方明白我们的立场。

重点在于“择机”和“适度”，这些并不是一朝一夕能够领悟的，这里有个表达方面的小技巧。如要表达“你很自私”的意思时，可以这样说“你在做这件事情的时候并没有考虑到我的感受，我觉得被遗忘了”。

当不可避免地被他人的负面情绪传染时，我们要对自己的情绪负责，积极主动地采取健康的、有益的措施化解他人的负面情绪对自己带来的影响。

嘿，我真该改改这火爆脾气了

生活中我们不时会看到大发脾气的人，有因生活细节上的事，有因工作上的事，有因名利上的事等等。发脾气的方式也多种多样，有骂人的、有摔物品的、有大吵大闹的等等。但不管以什么方式，有一点是相同的，那就是发脾气的人是在向外泄气。积聚在胸中的气不出来，他就难以让自己平静下来。想想看，我们自己是不是也经常这样生气、容易躁怒，是不是也经常为了一点小事就大动肝火，甚至气到脸红脖子粗、全身发抖呢？岂不知，动不动就生气会导致许多不良后果的发生，而其中最直接的一个就是使自己或身边的人身心健康受损！

“心道”秘闻

下班后，晶晶的爸爸妈妈大吵了一架，起因是爸爸放在自己外套里的300元钱不见了，爸爸认定是妈妈拿的，但妈妈却不承认。怒气冲冲的妈妈又去保姆家接晶晶，保姆一边帮晶晶穿衣服，一边说：“昨天我给晶晶洗衣服，从她口袋里找出300元钱，都被我洗湿了，晾在……”晶晶的妈妈原本就在气头上，听了这个就更生气了，还没等保姆把话说完，妈妈立刻就把晶晶拽了过去，狠狠打了她两个耳光，然后转身就走了，留下了哇哇大哭的晶晶。无奈，保姆只好把晶晶送回家去。保姆对晶晶爸爸说：“你家孩子她妈也太急躁了，不等我把话说完就打孩子，这么小的孩子哪知道偷钱啊！100元钱对她来说就是张花纸。一定是她拿着玩时顺手放到口袋里的。”爸爸把晶晶抱回屋，可晶晶却一直哭闹个不停，爸爸只好带她去医院做检查。

检查结果让夫妻俩完全呆住了：孩子的左耳完全失去听力，右耳也只有一点听力，将来得戴助听器生活。由于失去听力，孩子的平衡感会很差，同时她的语言表达能力也将受到严重影响。

晶晶妈妈简直痛不欲生，她一时情绪失控打出的两个巴掌竟然毁了女儿的一生，她永远也无法原谅自己，并将终生背负着对女儿的愧疚。

用“心”说“理”

案例中，晶晶妈妈的做法让人气愤，晶晶的遭遇让人同情。如果当时晶晶妈妈能够控制住自己的脾气，就不会发生后来的悲剧。

心理学家认为，一些人会产生生气或反感他人的不良心理，多数是其长期以来积累的负面情绪因为某个类似场景的触动而爆发。面对此类情况，应该尽快找到自我调整的方式，如从一个气氛压抑的场合里走出去，深吸一口气或者寻找值得信任的朋友倾诉等。然而，要想彻底根除自己的诸多负面情绪，还应该从自己的原有生活中去探寻愤怒的源头，之后再用逆向思维或者放空自己的办法进行情绪调整。只有这样，才能消除自己的负面情绪的引爆点。

所谓“情绪引爆点”，就是指当外界环境等因素由于类似于过去曾发生过的不好情景，而引起情绪上的激烈变化。根据个人的忍受程度不同，情绪引爆点也有一定的区别。一般情况下，负面情绪产生的原因包括：第一，想要控制对方；第二，给自己的情绪找一个出口；第三，情绪受到长期的压抑后失控；第四，希望获得对方的帮助。

总而言之，如果控制了情绪引爆点，就能降低情绪失控的概率。

别让抑郁的乌云遮住心灵的彩虹

抑郁是一种很常见的心理障碍，以显著而持久的心境低落为主要临床特征，又被称为“心理感冒”。轻者会自动转好，重者会引起自杀。

“心道”秘闻

小凯是某市初三的一名学生，他性格内向沉稳，一般不喜欢说话，经常把自己圈在一个小角落里发呆，也不和同学们一起玩。小凯学习成绩很一般，但他从不向老师和同学请教问题。

最近一段时间，班主任王老师发现了小凯的异常，本来就内向的小凯好像变得更内向了，上课还一直走神，有的时候老师叫他起来回答问题，小凯竟然连老师提的问题都不知道。

王老师一气之下，就把小凯的家长请到了学校。经了解情况才知道，原来小凯最近经常感到压力很大，晚上在床上翻来覆去老睡不着觉，休息不好，白天听课的效率也就很低，所以他一直在走神。

了解情况之后的王老师只是把小凯叫过来，简单地安慰了几句，但作为毕业班班主任的她仍然没有忘记中考的重要性，依然鼓励小凯努力备考。而作为小凯的父母，由于忙于自己的生意，则没有去仔细关注小凯的情绪。

就这样，在暑假中一个即将开学的早晨，小凯在家中跳楼自杀身亡。

用“心”说“理”

小凯的悲剧是与很多人脱不开关系的。作为小凯最亲近的人，他们没有尽到一个合格父母的责任，只是最大限度地满足了孩子的物质需要，而忽视了小凯的心理需要。如果他们能把儿子的情绪当成一个“生病”的重要信号，引起足够的重视，那么小凯恐怕就不会自杀了。

还有就是作为小凯班主任的王老师，当他得知小凯状态不佳时，应该意识到小凯是因为压力大而导致的精神抑郁，应该仔细询问原因，并和家长一起商议对策，而不是草草一问，还要在他面前继续强调中考的重要性，来增加小凯的压力。

小凯的悲剧已经无法挽回，但他留给周围人的教训却是惨痛的。当身边的孩子出现情绪低落，诉说自己的学习压力比较大时，作为老师和家长一定要在第一时间引起重视，切不可马马虎虎、听之任之。

学生会因为学习的压力加大而导致抑郁，大人们会因为工作的不顺而长吁短叹，进而由于生活的压力增大而导致抑郁。

有人说，抑郁如果得不到有效的治疗，就会加重甚至传染给身边的人。曾有资料显示，海明威的父亲就是因为抑郁而自杀身亡，尽管后来海明威取得了很高的成就，在晚年仍旧因为抑郁而自杀。之后，海明威的妹妹也随他而去。十年之后，海明威唯一的弟弟和孙女也相继自杀身亡。

可见，抑郁是一种可怕的病症，我们必须加以重视和预防。那么对于抑郁的人而言，究其原因都有哪些呢？其实，依据抑郁的人群不同，抑郁的原因也是多种多样的，主要集中在压力过大、事业不顺、感情受挫等方面。

远离抑郁和自杀，让自己不要成为下一个受害者，希望以下的两个建议对你会有所帮助。

建议一：提高自己的抗打击和适应能力。面对挫折和失败，我们要坚信太阳总是会升起来的，一切都将会过去。地球不停地在转，你怎么会一直停留在倒霉的那个点上呢？

建议二：远离消极抑郁的人群。正所谓“近朱者赤，近墨者黑”，离那些消极抑郁的人群太近，你的心就会被慢慢蒙上灰色的阴影。多接触积极向上的东西，你也将变得阳光和开朗。

戒除浮躁心理，拥抱美好生活

在商业氛围浓厚的当今社会，过多的欲望会让我们变得浮躁不安。浮躁就像是病毒，在社会的各个角落蔓延。不少人尽管拥有聪明的头脑，却始终无法做到做事专一，自身也缺乏坚定的意志，以致最后一事无成。为什么会这样呢？因为在他们的心灵深处，总是有一种力量让他们茫然不安，让他们的内心无法安宁，这种力量其实就是浮躁。而浮躁正是影响他们事业获得成功、工作赢得快乐的最大敌人。在我们身边，这样的例子其实有很多，下面这个事例就是这样。

“心道”秘闻

几年前，赵依涵通过向亲朋好友借钱筹集了10万元，创办了一家服装公司。由于她能够准确判断市场形势，抓住市场机会，在公司成立的第一年，她就通过自己的努力取得了不错的成绩，公司规模也迅速扩大。在随后的一段时间，公司的发展一直平稳，在业界也有了一定的知名度。作为公司的创立者，赵依涵对公司的未来充满信心。

然而，就在一次大客户的招标会上，赵依涵原以为凭着公司的实力肯定可以大获全胜，没想到半路杀出个程咬金，一家实力更强劲的竞争对手将这笔大订单一举夺去，大大打击了赵依涵的信心。也正是因为这件事，赵依涵产生了一种强烈的危机感，做事一向有条不紊、镇静自如的她，开始被一种挥之不去的浮躁困扰。

在这种浮躁情绪的影响下，赵依涵开始对公司员工施加压力，要求员工不断地加班加点，恨不得所有人都成为干活的机器，不需要休息。除此之外，她还无休止地开会讨论公司的各种发展机会，不断对公司的发展策略进行调整，企图在短时间内取得成效。但是，让她感到失望的是，一切努力最后都没有达到预期的效果。而在她的一系列举措之后，公司的创新精神也受到了重大打击，不要说业绩有什么大的提升了，公司状况甚至还没有招标以前好。同时，公司的员工整天诚惶诚恐，生怕做错事受罚，都抱着不求有功、但求无过的心态。

赵依涵的浮躁情绪让整个公司氛围异常紧张，公司的高层主管在向她汇报工作的时候，也会尽量美化，而不会直言工作中真实存在的缺陷与危机。更为糟糕的是，公司的几名核心骨干由于无法承受赵依涵的“高压”政策而辞职了，使公司的发展受到了严重的影响，公司濒临倒闭。

用“心”说“理”

在这个故事中，赵依涵迫切渴望成功引发了她的浮躁心理，而她的浮躁最后又成为公司业绩直线下降的导火索。对待员工，赵依涵缺乏良好的心态，甚至有的时候表现得非常苛刻，最后导致公司濒临倒闭。

身处浮躁的社会，我们想要得到的东西太多，但最后要么一无所得，要么是得到了又失去。托尔斯泰说过：“幸福的家庭总是相似的，但不幸的家庭却各有各的不幸。”换句话说，幸福的人生总是相似的，而不幸的人生常常有不同的缘由，内心浮躁便是其中之一。

当我们一贫如洗时，渴望能够拥有千金钱财，而当我们腰缠万贯时，却总是怀念昔日的清闲；当我们不知不觉失去时，渴望能像以前一样拥有，而当我们重新获得时，又发现我们其实一无所有。生活太容易变化，我们的思维也太容易冲动，追求那些虚无缥缈的快乐，在人生路上走走停停，不知不觉间就会迷失了前进的方向。

要想抛弃浮躁，首先要摒弃非分之想。我们都曾梦想一鸣惊人、一步登天，都怨恨自己职位低、收入少，但却不能客观地审视自己的能力，客观地看待梦想与现实。虚妄的梦想，看似是心态问题，实际上是世界观、人生观和价值观的问题，值得我们每个人去面对、去思考。

紧张让人身心劳损，放松才会轻松

人类的智慧既能在不自由中寻找自由，也能在自由中设置不自由。对有的人来说，不良情绪就是一座监狱，各种情绪都成了层层铁窗，被关在里面的人天天为之郁闷愤恨。这些不良情绪，如果没能得到及时的释放，会让人始终无法解脱，有时甚至会导致严重的后果。

“心道”秘闻

26岁的外企销售经理小张从小学习成绩就很出色，她顺利从大学毕业后，进入某外企工作，从普通的业务员做到销售经理，收入很可观。但是她却一直感觉心里很压抑，常常心烦意乱，甚至觉得生活没有任何乐趣。因为长久以来，她因工作繁忙而忽略了与男朋友的交流和相处，后来男朋友向她提出了分手，她感到非常痛苦，并且一直没有开始新的感情，一旦闲下来，她就会感到孤独和寂寞。而且，除了工作时，小张很少与人交往，心里的压抑和烦恼一直都得不到发泄和排遣。所以，小张的生活似乎有着截然相反的两面，在外人眼里，她一直都很出色，生活也很幸福，而只有她自己才知道心里有多少烦恼，她感觉自己快要崩溃了。后来，再也无法忍受的小张竟然在家中打开天然气阀门自杀身亡。

用“心”说“理”

在上面的事例中，到底发生了什么大不了的事，让小张非得走上那条不归路呢？看得出来并没有发生什么大不了的事。她的工作很好，人也很出色，本来应该过着很幸福的生活，但却因为长期以来郁积在心里的情绪得不到宣泄，从而走上了那条不归路。如果她能及时地发现自己的心理问题，重视心理健康，不时地给自己松松绑，将心中的各种不快发泄出去，那么也就不会发生这样的悲剧了。

当我们郁闷的时候，请舒一舒眉，要学会为自己的心灵松绑，除了你自己，没有人能给你自由。

奥地利小说家斯蒂芬·茨威格在《象棋的故事》里写道：一个被囚禁的人整天无所事事、度日如年，而在他获得一本棋谱后日子过得飞快。靠着那本棋谱，囚犯轻松愉快地把他的牢狱之灾化解掉了。他把“恐怖”的监狱当成自己发展的另一片美好天地，痴迷于对棋艺的研究，并通过这种方式他为自己减了刑、松了绑。

生活中真正进监狱的人毕竟不多，但有的人却像真正的囚徒一样把自己关在心灵的监狱里，不肯进行自我松绑、自我减刑。我们应积极努力地去寻找自己心灵的“棋谱”，如果找到它，学会为自己松绑，那么你的人生将会获得成功。

因软弱而自卑心理：让人缺乏奋进的勇气

现在，很多二十几岁的年轻人都有自卑心理，这些人首先在人格尊严、社会地位上就显得压抑，时间长了，就会损害精神。这是一种觉得自己不如他人并因此而备受折磨、备感痛苦的情感。一个人如果总是觉得自己生不逢时，那么他的人生从此也将很难有所作为。

“心道”秘闻

曾经有一个犯人，他在牢狱中生活了几年后，开始关注起自己的人生，他想：自己出狱后是否还能像从前那样坦然地面对生活？他不敢想象戴上了“罪犯”的帽子的人被大伙儿在背后指手画脚的情形，也没脸再去见亲朋好友了。他的精神因此而日见颓废，似乎这次牢狱生活就是他生命的结点了。

有一天他在门外晒太阳，仰头望见蓝色的天空，变化奇特的洁白的云朵，让他忽然想起了小时候的他和母亲、成家后的他和心爱的妻子一起站在自家阳台上观看同样景色时的快乐心情。此时，让他无比纠结的心绪打开了：人在任何环境中，不管你是谁，你的命运只掌握在自己手里，王侯将相不是天生的，人的身份和地位也是由自己挣得的。后来他出狱了，经过几年的努力，终于成为一位有名的作家。

用“心”说“理”

上面的案例告诉我们，影响你人生成功和幸福的绝不是恶劣的环境和所受的遭遇，而是你对这些事持什么样的态度。

畏惧与自卑心理在一个人的成功过程中扮演着极不光彩的角色，所以，努力让自己看到失败后蕴藏着的巨大生机，而不是畏惧来自四面八方的耻笑和压力，不要受到他人的强势影响而试图改变自己去追赶仿效他人，就不会很轻易地对自卑缴械投降。否则，你除了感受到自己的无能而失去信心外，再也体会不到自己的其他价值了。并且，在你对自己的改造过程中，很容易就迷失自己。

每个存在于这个世界上的人都是独一无二的，然而当自己的事业发展受到阻碍的时候，当生活遭遇窘迫的时候，一个人最容易对自己失去信心，从而产生自卑感。世上遭自卑感缠身的俘虏或背负不幸命运的人为数不少，其实这不过是自寻烦恼，是自己看不起自己，被自卑的压力折腾得痛苦不堪完全是咎由自取。事实上，每一个成功者或是被尊重的人，其出身也并不都是豪门，如何发展完全靠自己。患有帕金森症的霍金是个物理天才，爱因斯坦从小就被看作弱智，打败了拿破仑的威灵顿将军小时候更是被其他小孩子追着打的对象，因为大家一致认为他是个白痴……你有他们中任何一个的伟大成就吗？所以，你大可不必为自己是个“不如人”的普通百姓而愁眉苦脸、自怨自艾、徒增烦恼。

但是，如果你拒绝“自己也是个能人”这种态度，那么你将得不到重视或取得成功。自卑心理是影响人身心健康的消极因素，有时候它会让你的人格发生扭曲，以不正确的人生观来看待社会和人生。

自卑的人总是哀叹事事不如意，拿自己的弱点去和别人的强处比，越比越失去信心，越比越消沉，最终导致心理扭曲。在这样的心理压力之下，不仅生活会受到影响，还会产生多种疾病。

不甘落后心理：要理性地去缩小与他人的差距

不愿意在人前丢面子，不愿意让人瞧不起，这是在现实生活中，让许多二十几岁年轻人产生不甘落后心理的主要原因。不甘落后心理，无可非议，但凡事都不甘落后的心理也是凡事都想争强好胜，凡事都想出风头，达不到目标就失落、沮丧抑郁的始作俑者，而它直接导致的表现就是“工作狂”。

“心道”秘闻

一个农村小伙子，高中落榜后，独自一人来到北京。他想靠自己的努力来缩小与别人的差距，于是他一边打工一边自考。他很向往大学生活，于是就在北京某大学附近租了房子，白天工作，晚上去大学自习室看书。就这样坚持了三年，他完成了从专科到本科的学历。毕业后，他选择了去一家网络公司，通过自己的努力，月收入已达到七八千，在北京不算多、也不算少。可他仍然在拼，晚上他就在自己租房的附近找了一个餐饮服务员的兼职，每晚四个小时月薪一千五百元。他还加了一个兼职群，周六、周日在各大超市做督导。没日没夜工作的他，一个人做了三份工作。虽然攒了不少钱，但由于长期休息不好，在单位的一次体检中，他被告知由于劳累染上了三四种疾病，他的内心一下崩溃了。

用“心”说“理”

如果你平时觉得自己身体状况还算不错，可是最近一两天之内却没来由地“垮”了下来：干什么都觉得没精力、失眠、精神恍惚、使不上劲儿，肌肉都不听使唤。再加上你为此而耽误了工作和生活所带给你的深深的忧虑，那就表明你的健康已经受到损害了。

其实，大部分人都有过这样的体验。这种身心疲惫并不是生理上做的工作过多而产生的肌肉劳累的感觉，而是由于情感和生理两方面的因素共同作用的结果，是一种长期压力之下身体的一种抗议的方式。如果你觉得歇息几天就会缓和过来，在短期内可能会有所帮助，但是从长远看来，只会让你一次比一次更疲劳、更累。那么，究竟是什么原因造成了这种可怕的疲劳状况呢？

疲劳其实有两方面的含义：身体疲劳和心理疲劳。身体疲劳自不用说，心理疲劳才是罪魁祸首。在现代社会中，许多富人和土豪的出现，使人们无时无刻不处于压力之中，如何让自己也进入富人行列，想必所有人都知道答案，那就是干！ 从而使心理陷入“心力衰竭”的状态。你看，每天都那么忙，哪有时间好好休息呢？更有甚者，如果再是个急性子，恨不能马上就赚个盆满钵满，简直一刻都不愿意停止下来，这种情况一旦有所持续，就会发展为疲劳综合征，严重地威胁着自身的健康。

生活中想做的事太多了，可是人的精力是有限的，不能面面俱到。许多人在许多事情上都想做到最好，都想不甘人后，这种精神可嘉，但要适可而止。

当我们的欲望升腾的时候，恨不能一下成为富翁的时候，实际上自己的身心健康就开始受到了威胁。

心理疲劳表现突出的人，总感到自己生活得很累。如想解脱，没有别的办法，只能是调整自己的心理。

学会平淡地生活，精力充沛地过好每一天，在适当的时候给自己放个假，享受一下美好的生活，心情会变得更加灿烂，身体也会跟着快乐起来。

嫉妒心理：身心健康的最大敌人

看见别人拥有一辆比自己好上几倍的汽车就想让人家出门撞到树上，看见别人手里拿着一款比自己好上几倍的手机就希望他的手机马上丢失，这就是嫉妒心理。嫉妒心理较强的人，会时刻因为自己不如人家而痛苦万分。嫉妒能腐蚀人原本纯净的灵魂，毒化人的精神世界，扼杀人的进取精神，是一种卑劣低下的情绪，它会严重影响人的身心健康。

“心道”秘闻

某单位有一名嫉妒心理极强的女士，她看到平时人品和工作能力都比自己强出许多的同事杨杰参加单位组织的出国学习的考试合格，不禁嫉妒心起，便向同事的丈夫多次写匿名信，诽谤她在外乱搞男女关系，致使杨杰的丈夫与其一度关系极为紧张，甚至提出离婚。后来，这名嫉妒心极强的女士听到单位领导会议上提出要让杨杰担任某部门经理时，又迫不及待地向公司领导层写诬告信。当事情水落石出之后，这名女士被单位辞退了。

用“心”说“理”

古往今来，嫉妒这种心理一直游荡在人们的心中害人。无德行的人嫉妒有德行的人，才疏学浅的人嫉妒有才能的人，庸才嫉妒人才。

嫉妒是一株有毒的植物。一个人如果被嫉妒的情绪占据心灵，他就会变得心胸狭窄，毫无理性也毫无责任性和人性，似乎对世界有无尽的要求和不满。善嫉妒者以损人开始，以害己告终。克服嫉妒的最好办法，就是提高自己的道德修养，不是想尽办法使比自己高的人跌下去，而是让自己站到高处去。

在现实生活中，嫉妒心理是无时不有、无处不在的。无论是谁，看到别人在某些方面强于自己，心中难免不平衡、不舒服。性格极端的，就会心生嫉妒。再遇到一些不顺利的事情，那就不仅仅是嫉妒了，简直要变成仇恨。于是，有些人用尽手段去摧毁自己心生羡慕却得不到的人和物，并为此付出昂贵的代价，以不正当的手段去打击别人，自己也同样受害。

有嫉妒心理的人看不得别人比自己强，并把宝贵的时间和精力耗费在算计、诽谤别人的行动中。嫉妒者由于长期处于压抑、自扰的状态，导致神经系统功能紊乱、心理变态，甚至精神失常。正如巴尔扎克所说："嫉妒者比任何不幸的人更加痛苦，因为别人的幸福和自己的不幸都将使他痛苦万分。"

所以，对于你已有的嫉妒心要学会克制，克制嫉妒不是承认容忍嫉妒的存在，而是要正确地认识别人的优势，正确地评价他人、评价自我，抑制自卑情绪，克制和避免妒忌心理的长期存在和发展。

有嫉妒心理的人，是永远没有幸福可言的。他这一生所有的追求便是如何攻击比他更有能力的人。在这个急功近利的时代，嫉妒已经成为严重危害人们健康的一种疾病，必须尽早在心里根除！

焦虑心理：焦虑是健康的主要杀手

焦虑心理是一种比较典型的危害人身心健康的心理疾病，虽然比较轻微的焦虑心理还算不上是疾病，但时间长了就会成为人们身心健康的潜在杀手。所以，克服焦虑心理是很有必要的。

"心道"秘闻

刚刚参加工作的张凡最近一段时间不知道为什么，总是为一些微不足道的小事忧虑，以致影响了正常的工作和生活。

例如，不知道是什么原因，张凡竟然对自己之前非常喜爱的钢笔讨厌起来。当他看到被磨得非常平滑的钢笔尖儿的时候，他心如刀绞，非常不舒服。不仅如此，他还非常讨厌那支钢笔的颜色，黑色让他感到压抑。所以，他决定不使用它了。他又买了一支灰色的钢笔，可看着它，张凡心里也难受。那这次又是为何呢？原来在他买钢笔的时候，张凡看到了售货员是个年轻漂亮的姑娘，所以特别紧张。更夸张的是，他竟然满头冒汗，他觉得这肯定让别人看见了，所以伤害了他的自尊心。因此，只要一看到这支钢笔，就让张凡想起自己出丑的事情。他恨不得扔了它，但回过头来想想，这不是跟自己过不去吗？钢笔是自己新买的，不仅花了钱，关键是还没用过呢，于是他打消了这个念头。

有一次，张凡买了一个小塑料盒，主要是用来盛饭的。但看到这个盒子，他突然想："这是不是聚乙烯的？"因为张凡曾经看过一篇报道，说聚乙烯的产品是有毒的，不能盛食物。这下张凡又紧张起来了：这个小塑料盒到底有没有毒呢？如果有毒的话，我使用了它不就相当于慢性自杀吗？如果没有毒，我不用它不就白白浪费了……

有一天，张凡又为头上的两个"旋儿"而苦恼起来。他听人说"一旋好，俩旋坏，两个顶（旋），气得爹娘要跳井"。真有这么回事吗？要不为什么自己经常惹父母生气呢？可许多有两个"旋儿"的人也不像自己这么怪呀！这个念头令张凡终日忧虑不已。

张凡就是这样一直在忧虑的旋涡中徘徊、挣扎着。

可怜的张凡在忧虑中不断地折磨自己，他这是一种典型的焦虑心理。

用"心"说"理"

人们总希望生活一帆风顺、一世平安。其实不然，天有不测风云，人一降临人间，就会面临生老病死的磨难。没有迎接苦难思想准备的人，一遇到矛盾，就会惊慌失措、怨天尤人，大有活不下去之感。其实，"吃得苦中苦，方为人上人"，要学会解决矛盾并善于适应困境。

有的人的心理素质不佳，对任何刺激均敏感，一触即发，甚至无病呻吟、杞人忧天。他们眼中的世界无处不是陷阱，无处不充满危险。心情整天得不到放松，疑神疑鬼，如此心态，怎能不焦虑？

但换一个角度讲，一个人有适当的焦虑心理也不完全是坏事。适当的焦虑对生活保持一定的忧患意识，可以激发人的积极性，对促进个人和社会的进步都有好处。焦虑往往能够促使你鼓起勇气，去应付即将发生的危机。但是如果你有太多的焦虑，以致患上焦虑症，就会起到相反的作用——它会妨碍你去应付、处理面前的危机，甚至会妨碍你的日常生活。

那么，如何来排解人的不必要的焦虑呢？

心理学家建议：心病还得心药治。为此，要在生活中提高成就感。成就感是化解焦虑的良方，一个有成就感的人，内心就会变得自信和坦然，焦虑自然也就不存在了。如何让自己有成就感呢？不断地提高自我是唯一的途径。制订一份自我提高计划书，及时充电，并将充的电用在工作中，你的成就感就有了。

经常作自我督促。不断地鞭策自己，把眼光从别人身上往回收一收，作自我比较，今天的我是不是比昨天的我有了进步，这次的工作是不是比上次做得出色。和自己比，不但是化解焦虑的高招，也是督促自己进步的方法。

学会宠辱不惊。老板一个冷漠的眼神足以让爱焦虑的你产生诸多联想——我做错什么了？位置是否不保了？加薪是否无望了？越想越焦虑，如果让自己生活在别人的控制里，不焦虑也难。如果让自己掌握自己的命运，一切顺其自然，顺不妄喜，逆不惶馁，相信焦虑就不会沾边了，心绪也会顺畅了。

心理测试：测测你的情绪状态与类型

测试导语

你在多大程度上受理智的控制，又在多大程度上受“本能”情绪的控制？回答以下问题，将每题分值相加的总和与结果对照，可以确定情绪状态与类型。

测试开始

1. 如果让你选择，你更愿意怎样？

A. 同许多人一起工作并亲密接触。（3分）

B. 和一些人一起工作。（2分）

C. 独自工作。（1分）

2. 当为解闷而读书时，你喜欢读什么？

A. 读史书、秘闻、传记类。（1分）

B. 读历史小说、社会问题小说。（2分）

C. 读幻想小说、荒诞小说。（3分）

3. 对恐怖影片反应如何？

A. 不能忍受。（1分）

B. 害怕。（3分）

C. 很喜欢。（2分）

4. 以下哪种情况符合你？

A. 很少关心他人的事。（1分）

B. 关心熟人的生活。（2分）

C. 爱听新闻，关心别人的生活细节。（3分）

5. 去外地时，你会怎样？

A. 为亲戚们的平安感到高兴。（1分）

B. 陶醉于自然风光。（3分）

C. 希望去更多的地方。（2分）

6. 你看电影时会哭或觉得想哭吗？

A. 经常。（3分）

B. 有时。（2分）

C. 从不。（1分）

7. 遇见朋友时，经常是怎样做？

A. 点头问好。（1分）

B. 微笑、握手和问候。（2分）

C. 拥抱他们。（3分）

8. 如果在车上有陌生人要你听他讲自己的经历，你会怎样？

A. 表示你颇有同感。（2分）

B. 真的很感兴趣。（3分）

C. 打断他，做自己的事。（1分）

9. 是否想过给报纸的问题专栏写稿？

A. 绝对没想过。（1分）

B. 有时想过。（2分）

C. 想过。（3分）

10. 被问及私人问题，你会怎样？

A. 感到不快活和气愤，拒绝回答。（3分）

B. 平静地说出你认为适当的话。（1分）

C. 虽然不快，但还是回答了。（2分）

11. 在咖啡店里要了一杯咖啡，这时发现邻座有一位姑娘在哭泣，你会怎样？

A. 想说些安慰话，但却羞于开口。（2分）

B. 问她是否需要帮助。（3分）

C. 换个座位远离她。（1分）

12. 在朋友家聚餐之后，朋友和其爱人激烈地吵了起来，你会怎样？

A. 觉得不快，但无能为力。（2分）

B. 立即离开。（1分）

C. 尽力为他们排解。（3分）

13. 送礼物给朋友一般在什么时候？

A. 仅仅在新年和生日。（1分）

B. 全凭兴趣。（3分）

C. 在觉得有愧或忽视他们时。（2分）

14. 一个刚相识的人对你说了一些恭维话，你会怎样？

A. 感到窘迫。（2分）

B. 谨慎地观察对方。（1分）

C. 非常喜欢听，并开始喜欢对方。（3分）

15. 如果你因家事不快，上班时你会怎样？

A. 继续不快，并显露出来。（3分）

B. 工作起来，把烦恼丢在一边。（1分）

C. 尽量理智，但仍因压不住火而发脾气。（2分）

16. 生活中的一个重要关系破裂了，你会怎样？

A. 感到伤心，但尽可能正常生活。（2分）

B. 至少在短暂时间内感到痛心。（3分）

C. 无可奈何地摆脱忧伤之情。（1分）

17. 一只迷路的小猫闯进你家，你会怎样？

A. 收养并照顾它。（3分）

B. 扔出去。（1分）

C. 想给它找个主人，找不到就让它安乐死。（2分）

18. 对于信件或纪念品，你会怎样？

A. 刚收到时便无情地扔掉。（1分）

B. 保存多年。（3分）

C. 一段时间清理一次。（2分）

19. 是否因内疚或痛苦而后悔？

A. 是的，一直很久。（3分）

B. 偶尔后悔。（2分）

C. 从不后悔。（1分）

20. 同一个很羞怯或紧张的人谈话时，你会怎样？

A. 因此感到不安。（2 分）

B. 觉得逗他讲话很有趣。（3 分）

C. 有点生气。（1 分）

21. 你喜欢的孩子是什么样的？

A. 很小的时候，而且有点可怜巴巴。（3 分）

B. 长大了的时候。（1 分）

C. 能同你谈话的时候，并且形成了自己的个性。（2 分）

22. 爱人抱怨你花在工作上的时间太多了，你会怎样？

A. 解释说这是为了你们两人的共同利益，然后仍像以前那样去做。（1 分）

B. 试图把时间更多花在家庭上。（3 分）

C. 对两方面的要求感到矛盾，并试图使两方面都令人满意。（2 分）

23. 在一场特别好的演出结束后，你会怎样？

A. 用力鼓掌。（3 分）

B. 勉强地鼓掌。（1 分）

C. 加入鼓掌，但觉得很不自在。（2 分）

24. 当拿到母校出的一份刊物时，你会怎样？

A. 通读一遍后扔掉。（2 分）

B. 仔细阅读，并保存起来。（3 分）

C. 不看就扔进垃圾桶。（1 分）

25. 看到路对面有一个熟人时，你会怎样？

A. 走开。（1 分）

B. 招手，如对方没有反应便走开。（2 分）

C. 走过去问好。（3 分）

26. 听说一位朋友误解了你的行为，并且正在生你的气，你会怎样？

A. 尽快联系，做出解释。（3 分）

B. 等朋友自己清醒过来。（1 分）

C. 等待一个好时机再联系，但对误解的事不做解释。（2 分）

27. 怎样处置不喜欢的礼物？

A. 立即扔掉。（1 分）

B. 热情地保存起来。（3 分）

C. 藏起来，仅在赠者来访时才摆出来。（2 分）

28. 对示威游行、爱国主义行动、宗教仪式的态度如何？

A. 冷淡。（1 分）

B. 感动得流泪。（3 分）

C. 使你窘迫。（2 分）

29. 有没有毫无理由地觉得害怕？

A. 经常。（3 分）

B. 偶尔。（2 分）

C. 从不。（1 分）

30. 下面哪种情况与你最相符？

A. 十分留心自己的感情。（2 分）

B. 总是凭感情办事。（3 分）

C. 感情没什么要紧，结局才最重要。（1 分）

评价标准

题号	各题分数			得分
	A	B	C	
1	3	2	1	
2	1	2	3	
3	1	3	2	
4	1	2	3	
5	1	3	2	
6	3	2	1	
7	1	2	3	
8	2	3	1	
9	1	2	3	
10	3	1	2	
11	2	3	1	
12	2	1	3	
13	1	3	2	
14	2	1	3	

15	3	1	2	
16	2	3	1	
17	3	1	2	
18	1	3	2	
19	3	2	1	
20	2	3	1	
21	3	1	2	
22	1	3	2	
23	3	1	2	
24	2	3	1	
25	1	2	3	
26	3	1	2	
27	1	3	2	
28	1	3	2	
29	3	2	1	
30	2	3	1	
			总得分：	

根据自己的实际情况，从三个问题中选择适合自己的一个，分数已经列在每个答案的后面（不要看着分数的高低选择，要实事求是，这样才够准确）。

心理透析

30~50分：理智型情绪。很少为什么事而激动，即使生气，也表现得很有克制力。主要弱点是对他人的情绪缺乏反应。爱情生活很有局限，而且可能会听到他人在背后说你“冷血动物”。目前需要松弛自己。

51~69分：平衡型情绪。时而感情用事，时而十分克制。即使在很恶劣的环境下握起拳头，仍能从情绪中摆脱出来。因此，很少与人争吵，爱情生活十分愉快、轻松。即使与配偶陷入情感纠纷，也能处理妥帖。

70~90分：冲动型情绪。有这种类型情绪的人是非常重感情的。如果是女人，你一定会经常流眼泪。如果是男人，你可能是一个随和的人，但也可能是一个有着很强的好胜心、喜欢炫耀的人。另外，你还可能是一个经常陷入短暂的风暴式的爱情纠纷、有着很多麻烦的人。无论怎样，你一定要想办法克制自己，控制自己的情绪。

了解自己的情绪类型，学会控制自己的情绪，这对以后获取成功有很大的帮助。

第三章

男人来自火星，女人来自金星：情感心理学

生活中的男人和女人如同两只刺猬，离得很近可能会彼此伤害。这些伤害大都源于两者的认知差异，这些认知差异主要体现在心理方面。所以，二十几岁的年轻人必须掌握一些两性相处的情感心理知识。

“火星人”VS“金星人”：恋爱心理面面观

都说男人来自火星，女人来自金星，因为男人、女人的思考方式非常不一样，要好好相处，自然不是一件容易的事。看待同一件事，男人多理性，女人多感性，作为“火星人”的男人要学会怎么不让水淹到自己，而作为“金星人”的女人也要学会如何去灭火。男女之间的相处有时候水火不容，正是这些差异导致两性之间产生很多摩擦和矛盾，要解决这些问题，首先要了解男女各自的心理。

“心道”秘闻

有一天，男人和女人又因为一些日常琐事吵了起来。吵架的结果就是：男人选择暂时性离家出走。

女人可怜兮兮地抱膝坐在地板上，感到委屈极了。女人认为每次两人吵架，男人非但没有安慰她，反而选择离家出走，他肯定是根本没有把她放在心上，说不定已经对她没有爱意了。女人又接着悲伤地想：倘若男人对自己没有一丝情爱，还不如离婚，各自过各自的生活好了。

女人一闪而过的离婚念头，让自己感觉突然自己的世界好像完全崩塌一般万念俱灰。自己对这段婚姻付出了那么多心血，到头来却选择离婚，这不是她想要的结果。这个时候，女人又想到男人在之前对自己的关心以及爱护等行为，想到这一切在未来的某天将不复存在，女人的心就碎成了一片。

正在这个时候，男人忽然推开门紧走几步将女人抱在怀中。女人使劲挣扎着以表达她的委屈与怨念。男人柔声说道：“亲爱的，别生气了，实际上每当我们吵完架后，我每次都没有走远，就站在门外。另外，我选择暂时走开，也是为了缓解我们彼此的不良情绪。我怎么可能离开你呢？”

女人看到男人的眼神，顿时不再伤心难过了，她突然明白男人是深爱着自己的，他们之所以会发生争执，是他们对待吵架持有的态度不同：一次寻常的吵架，男人以如何化解矛盾为主要目的，而自己却不依不饶，甚至产生离婚这种可怕的念头。

用“心”说“理”

上帝创造了男人和女人，不仅让他们在身体构造上有所不同，情感心理也不同。以下是男人和女人恋爱心理差别。

1. 男人和女人对漂亮的异性都会自然产生好感。而男人则更多地被对方的外貌吸引，因此在爱情问题上男人的识别力要低于女性。

2. 男人一旦恋爱，则要较女人更快陷入情网。心理学家曾做了一项“浪漫爱情的测验”：参加测验的有 500 个青年男人和 450 个青年女人，经过调查发现，25% 以上的男人在 4 天之内就匆匆地爱上了某个女人，但是同样情况的女人只占 15%。

3. 对待爱情的态度，女人远比男人要实际。女人对待爱情往往会考虑结婚与将来；而男人对爱情往往很浪漫，充满狂热。女人对待爱情考虑的现实问题更多。

4. 在求爱的问题上，女人表现得比较矜持，往往会瞻前顾后，甚至出现与内心相反的行为；而男人比女人大胆很多，喜欢就去追，富于进攻性。

5. 在交往过程中，男人表现得更加狂热，更易升温，甜言蜜语很多；而大多数女人比较喜欢适度的“温热”，过“热”反而会让女人有所顾虑，甚至反感。

6. 女人更容易被甜言蜜语所迷惑。在和男人正式确立关系前，女人会考虑很多，但是一旦坠入爱河后，女人更易于轻信男人。有人说，男人恋爱，一半热情，一半理智；女人恋爱，则全是热情，有时就不考虑其他问题了。

7. 在恋爱过程中，男人更易产生性冲动，主动提出性要求。女人在这方面一般不主动，并有自然的抗拒心理，但是一旦顺从一次，以后就完全依附于对方。

8. 恋爱失败所带来的痛苦，女人比男人更痛苦。虽然男人一开始也很痛苦，但是持续时间会比女人短。

9. 在爱情问题上，女人比男人更富于自我牺牲精神。

10. 在爱情问题上，男人较于女人多变。首先，在恋爱过程中的角色地位易变，在追求女人的过程中，男人会把女人尊为公主，在追到手后，男人可能就会主宰女人；其次，爱情在生活中的比重会变，在恋爱时，男人将很多时间花在女人身上，在结婚后，家庭只是他生活中的一部分，而且这部分往往会小于他的事业，而女人的情况则相反；最后，在结婚后男人爱情变异的可能比女人大。

治愈你的恋爱恐惧心理

据调查，现在的都市女性早已不具有浪漫、多情的心理特征了。心理专家说这是现代都市女性的通病，因为在她们的心中，物质渐渐占据第一的位置。她们没有能力和人相爱，没有愿望和人相爱，爱情恐惧症也渐渐成为现代社会的流行病。

“心道”秘闻

梅在一家餐饮公司做业务经理。餐饮行业，当然是要招待客户吃好。有的客户来梅所在的酒楼吃饭，每每总会对这个漂亮的业务经理说一些有色无色的话、做一些有意无意的小动作。梅总是以聪明的方式化解掉，既不会让自己吃亏，又不会得罪客户。久而久之，梅练就了一番与人周旋的本事，也练就了一颗刀枪不入的心。好好保护自己、好好完成业绩成了她唯一在意的事，别的都不去考虑，包括爱情。她的客户中也有真心喜欢并对她好的人，可是，梅却从不动心，总是拒人于千里之外。梅自己倒毫不在意，虽然已经 26 岁，但她相信人生中工作才是最重要的，物质才会给自己带来所有的满足感。

用“心”说“理”

可以想象一下，如果这个世界上没有爱情，将会是怎样的一个世界？如果人人都只为物质、为金钱而活，岂不是会错过生命中很多美好的感觉？

1. 回忆初恋

想想你的初恋，看看还有没有那种激动的感觉，如果有，就常常回忆那种心情，体味那些让你激动的理由，然后以那样的标准去试着找一个合适的人。

2. 尝试约会

如果你仍不能对谁动心，就环顾下四周，选一个对你有意、你也认为最好的人，尝试和他(她)约会一周，想出他(她)不少于10条的优点，然后写在纸上，每天默念3遍。

3. 交流感觉

随时交流和对方相处的感受，集中精神留意对方的反应，并适时调整。让对方觉察到你对他(她)哪怕稍显敏感的注意力。不妨抽时间看看过去的经典爱情小说，从书里找点儿纯洁的男女情愫。别以为那是不合时宜，要知“经典”永远比时髦更接近真理。尝试之后，你会发现自己依然还会心动，还会渴望那份朦朦胧胧的感觉。因为，渴望爱情的滋润可以说是每一个人的本能，所以不要刻意地压抑和掩饰，否则你会失去人生中最美妙的风景。

恋旧心理：心里有的就不容易抹去

生活的经验告诉我们：一旦一个人爱上了另一个人，那个人在他心中就不容易被抹去，而且若有人与他所爱的人在某些地方有些相像，那么，这个人也会让他看了很舒服或觉得比别人更易亲近。

“心道”秘闻

王兵和李佳是在大学毕业时才确定恋爱关系的，人家都说“毕业了就分手”，但是他俩竟选择了在一起。这让熟悉王兵的人很是不解，直到他们二人结婚，王兵才在婚礼上解开了大家一直以来的疑惑。原来王兵曾经暗恋过一个女孩，那个女孩的长相和举止无不让他心仪，他在心里想，如果这辈子能娶这个女孩为妻，那他就是这个世界上最幸福的人了。可那个女孩后来随着父母定居加拿大了。知道这个消息后，王兵病了好长一段日子，甚至患上了单相思，直到大学毕业。大学毕业典礼那天，王兵一进礼堂就被坐在角落里的一个姑娘吸引住了，他心头一颤，真的以为是自己那位连做梦都想的恋人回来了。那神态，那眉宇间的忧伤真的像极了她。高中的时候，她也是常常自己独自坐在教室的一角，眉头紧锁着看书。这个时候，他的眼前似乎又再次上演了这幅画面，令他怦然心动。

虽然冷静之后不免觉得好笑，但他还是主动上前搭讪，离开的时候向那个女孩要了联系方式，并互相作了自我介绍。直到这时他才知道，这个女孩有个很好听的名字，李佳。典礼结束之后，大家就要各奔东西，忧伤难言，也就是在这个时候，王兵开始追求李佳，他认为这就是上天给他的暗示，他再也不愿失去这次机会了。于是他留在了李佳所在的城市，并与李佳保持着紧密的联系，每当李佳需要什么帮助时，他总是第一时间赶去帮助。时间久了，他发现，自己早已离不开她。

用“心”说“理”

这就是恋旧心理，由于自己曾经暗恋的女孩的模样已经在他的心里烙下了印痕，很难抹去了，他觉得只有这样的外貌才会带给他一种爱的感觉，重新品味那种怦然心动的青涩之恋的美好感觉。于是，当在茫茫人海再次“遇见”这张脸时，不觉神迷情痴，并对带有这张类似面孔的人予以格外的关注。然后在接下来的不断接触中发现了对方身上类似的甚至更多的优点，爱便油然而生。

一见钟情的爱情是很偶然的，真正的爱情其实是日久生情。之所以会一见钟情，多数人是因为眼前的人与自己想象中的另一半有着惊人的相似，觉得哪哪都符合标准。试想，若不是早在心中有了一个“标准”，又怎么知道眼前之人就是心中期待之人呢？其实，生活中，除了有爱屋及乌的现象之外，还有爱这个屋也爱其他所有与之相像的屋的心理。

扭曲心理：心理扭曲是情感的潜在威胁

大多数关系紧张的婚姻，大致有这样几种表现：夫妻中的一方出轨，另一方心理发生变化，或是自己也出轨，或是与其离异，或是没有出轨也不离异，也不与其过正常的夫妻生活。而这些表现在心理学中都被称为“扭曲心理”。

“心道”秘闻

张伟结婚已经两年了。婚前他在一次醉酒后和大学的一个女同学发生了性关系，事后他很是后悔，心里对自己的未婚妻感到愧疚，于是在结婚的前一天他把这件事情告诉了她。张伟的未婚妻是个要强保守的女人，因为当时结婚请柬已经发出去了，她的父母又很好面子，念在张伟还算真诚的份上，婚礼还是如期举行了。但是婚后她的心里一直都感觉不舒服。后来她单位里有一个小帅哥开始追求她，起初她还严词拒绝，可转念一想，自己其实对他也蛮有好感的，为什么丈夫可以为所欲为，自己放肆一次又怎么了？于是出于报复丈夫的心理，她与这个小帅哥越走越近，最后发展为情人关系。

用“心”说“理”

心理学研究指出婚外恋是很复杂的，其中包括很多种因素，社会因素、政治因素、意识形态因素、经济制度因素等，也有男女间的心理差异因素。而其中心理因素往往是极为关键的内在因素。

实际上夫妻生活在一起，最重要的是心灵和精神上的共鸣，那才是一辈子都不会消失的依托。爱一个人并不一定就要得到，假如各自安好，为何不好好珍惜眼前人呢？人格是何其的珍贵，是任何钱财和美貌都交换不来的。要想保证自己的婚姻幸福一辈子，就应注意调整自己的心理，即使婚姻的一方出轨了，也要理智地处理，不管采取什么样的方式，都不应以伤害对方的感情和尊严为前提，切莫以血还血、以牙还牙。某些思想观念的侵蚀是可怕的，坚持自己的原则和信念是要以端正行为为前提的。在这个世界上，每个人都会有自己另一半之外的交际圈，或许是工作中的合作关系，或许是年深日久的好友关系，或许是在你需要帮助时可以伸出援手的知心友人。其实，一个人即使与对方结成了夫妻关系也未必就是适合的，因此，即使在婚姻问题上遭遇巨变，也大可不必义愤填膺、怒不可遏，而应该放平心态，好聚好散，重建幸福，重新再来。

对眼心理：不被“情人眼里出西施”所误导

在现实生活中，很多人都有这样的经验和体会，不管是人还是物，只要是自己看好了，不管别人怎样说、怎样劝这个人或物在哪些地方存在毛病和瑕疵，自己始终认定自己的判断是对的。这种心理在心理学上就叫“对眼心理”。

“心道”秘闻

曾经有一个年轻貌美的女人，因继承了一大笔遗产而成为富婆，但她却不顾朋友的劝说，爱上了一个普通的在酒店打工的厨师。厨师既不时尚也无背景，那么，年轻的富婆爱他什么呢？

这当中有缘分，但更多的是因为厨师质朴的性格。年轻富婆正是看中了厨师的质朴和他做出的那一道令自己回忆起父亲的菜肴，由此引发对他的爱慕之心，最终两人相爱结婚。也许在别的女人看来，这个厨师既没有钱也没有才华，只有一身的油烟味，根本不值得爱，但是在富婆的眼里这个厨师却是她的白马王子。这就是“对眼心理”效应。

用“心”说“理”

在现实生活中，人们对人从最初的认识到最后的判断往往只是局部的，常常以偏概全。也就是说，当一个人看好另一个人时，不一定是因为这个人在谁的眼里都是被看好的，只是他自己看着好，即“情人眼里出西施”，实际上是“对眼心理”在起作用。假如一个如花似玉的姑娘嫁给了一个其貌不扬的男子，那名男子在别人眼里可能很不起眼，但因为姑娘看中了他的某些优点，比如，他很诚实、有爱心，便会觉得他整个人都非常优秀，怎么看怎么满意。同样，一个各方面条件都很不错的男子，却执着地爱上了一个长相一般的女孩，因为他欣赏她单纯善良这一优点，从而觉得她整个人都如西施一般迷人。其实这些都是“对眼心理”在起作用。

美国心理学家凯利曾在印象形成实验中证实了这一心理现象的存在。凯利利用心理学教学课堂，把一个班的学生分为两组，分别向学生介绍一位新任教师。介绍的内容有两部分，一部分是教师的基本情况：26岁，已婚，社会学专业研究生，曾经担任心理学教师3年，还当过兵。就是说新任教师是一个既有教学经验又有社会阅历的人，这个情况对两个组介绍的都一样。另一部分情况介绍的却是不一样的，对第一组介绍的是，教师为人热情；对第二组介绍的则是性格冷漠。介绍之后，让新任教师在两个组分别主持20分钟的课堂讨论，然后，凯利让学生陈述对新任教师的印象。而实验结果是：第一组评价其有同情心，会体贴人，有社交能力，富有幽默感，等等；第二组的评价则是他严厉、专横等。而且，两个组的学生发言情况也很不一样，第一组积极发言的学生达到56%，第二组积极发言的学生仅有12%。

这一实验证明：“对眼心理”是客观存在的，这一心理对人的影响是多方面的，有积极的一面，也有消极的一面。比如，在恋爱问题上，有些年轻人由于过分注重对方的外在美，容易被对方的美貌所迷惑，而忽视其他因素，以致最终婚姻不幸福。

因此，对于处在选择婚姻时期的二十几岁的青年男女来说，要正确处理自己的“对眼心理”倾向。在处理自己的婚恋时，一定要保持头脑的冷静，用理智来控制自己的感情。千万不要被“情人眼里出西施”的偏见害了自己。

接近效应：越熟悉，越喜欢

“接近效应”是指当人们在某些方面特征相似或时间接近时，就容易产生熟悉感，进而产生好感的心理现象。当然，在爱情中，接近效应也是十分必要的，良好的“首因效应”只是将你带入到爱情里面来。但真正的相处和了解还是要靠以后多接触，有的时候，即使首因效应不好，让对方没有对你一见钟情，你也能通过后面的接近效应得到对方的爱。

“心道”秘闻

小月和明辉是在一次同学聚会上认识的。刚认识明辉时，小月对他的看法并不是很好，因为明辉那天和很多女孩子玩得很高兴。在小月眼中，这样的男孩子比较花心，是不太靠谱的，她喜欢那种不善言辞、稳重踏实的男孩子。

但是没有想到，同学聚会之后，明辉便三番五次地打电话约小月一起出去玩，拒绝了两次之后，第三次小月再也无法拒绝了。她心想：或许是自己多想了，他们只是老乡和同学而已！要是这次不去，人家还会说是自己想多了。

这样一来，第三次，明辉便成功约上了小月，两个人一起去爬山。在爬山的过程中，明辉无微不至的关怀和生动幽默的谈吐，让一直心怀成见的小月对明辉的印象大为改观。

以后，明辉来约小月，小月就不像以前那么抗拒了。在慢慢地接触中，她发现明辉性格开朗、敢作敢为，而且不像她以前认为的那么花心，他其实是对感情特别专一的一个人。久而久之，两个人就走到了一起。

用“心”说“理”

小月和明辉两个人的爱情最终能修成正果，是与两人后来不断地接触分不开的。在接触中，小月对明辉先入为主的看法有了改变，重新建立了对明辉的认知，所以说，越接近也就越喜欢。

在爱情中，接近效应是十分必要的，近因效应也是必不可少的。为了研究近因效应的重要程度，心理学家同样做了一个实验。

实验是这样的：实验人员编写了两段材料，这两段材料都是写一个小男孩的。在第一段材料中，小男孩被描述成一个阳光又有礼貌的好孩子，例如，在上学的路上，这个小男孩会和每一个认识的人打招呼，会爱惜花草树木；但在第二段材料中，小男孩被描述成了一个脾气暴躁又很冷漠的人，例如，他从来不和任何人打招呼，还会随意破坏路边的鲜花和小树苗，等等。

实验分四组进行，实验人员把两段文字加以组合：第一组，描写小男孩热情外向的文字先出现，冷淡内向的文字后出现；第二组，描写小男孩冷淡内向的文字先出现，热情外向的文字后出现；第三组，只显示描写小男孩热情外向的文字；第四组，只显示描写小男孩冷淡内向的文字。

让四组被测试人员分别阅读这四组文字，然后回答一个问题“这个小男孩是不是一个友好的人？”第一组中有 78% 的人认为小男孩是友好的；第二组中有 82% 的人认为小男孩是友好的；第三组中有 95% 的人认为他是友好的；而第四组中只有 3% 的人认为小男孩是友好的。

调查结果表明，信息呈现的顺序不同会影响人们的认知，也就是说后呈现的信息要有更大的影响，这就是近因效应。这个结果告诉我们，在接近对方之后，要注意自己的言行，给别人留下好印象，还能改观之前不好的印象，从而让对方在心里接受你，进而对你有好感。

恐婚心理：告别恐婚症，走进甜蜜的婚姻殿堂

恐婚又称为“恐婚症”或者“婚姻恐惧症”，在现代社会中，有婚姻恐惧症的朋友并不少见，可以说是一种现代的心理疾病。

“心道”秘闻

胡小姐今年25岁，在结婚的前两周，突然提出不结婚了。原因是她觉得自己无法适应婚后生活，在家的时候她是被照顾者，而对方家庭中的父亲经常生病，未来的婆婆又不是很会做饭，她担心到新“家”后，要学的东西很多，要去照顾别人，觉得自己可能做不来，怕别人挑自己的理。

用“心”说“理”

案例中的胡小姐就患有典型的婚姻恐惧症，这种婚姻恐惧心理在二十几岁的青年男女中普遍存在。恐婚的心理如此普遍，其原因到底是什么呢？

第一，是心中的伤痕久久不能释怀，内心存在强烈的不安全感；第二是追求完美、宁缺毋滥的心理作祟；第三是源于“彼得潘情结”，自己还是不愿长大的孩子，逃避婚姻。

其实，结婚是人这一辈子中的大事之一，在作出如此重大的决定前，紧张必然少不了。可是有的人却把这种紧张无限扩大，担心不曾发生的事情，发愁没有必要发愁的未来。当自身无力承受自己制造的恐惧时，可笑的悲剧就上演了！

明智的做法是在进入情感前或在情感中进行自我觉察，真实了解自我以及与对方的情感关系，找到自己恐婚的真正或潜在原因。

解决恐婚症的方法：

1. 在决定结婚前确定自己与恋人的感情。确定感情后就应该充分地相

信对方。不能因为自己假设出的种种可能而否定婚姻的必要性。

2. 尽早为婚后的生活做心理上的准备。在传统观念中，开始婚姻生活就是一个人下半生的开始，可见这个转变非同一般。想在几天之内接受改变生活状态的现实的确不是那么容易的，这也是导致很多人婚前焦虑、恐惧的一大原因。所以要在有结婚想法时就开始做心理上的调试，以便真的结婚时能有很好的心理过渡。

3. 尽早为婚后的生活做实际准备。二十几岁的年轻人在家过惯了公主、王子般的生活，连家务事都很少过问。一旦步入婚姻，不免要自行处理很多事，如做饭、打扫、洗衣等。如果临近结婚才想到这方面的欠缺，补课为时已晚，只能愁上愁！

4. 如果心理上存在解不开的结，提前求助于心理医生。有些人在过去的感情经历中受到过伤害，对婚姻的恐惧是自己不能克服的，如果遇到这样的情况，要尽早觉察，然后到专业的心理咨询机构寻求帮助。

厌烦唠叨心理：唠叨是情感的腐蚀剂

在生活中，没有不厌烦唠叨的人，但听不到唠叨自然也无从谈及厌烦唠叨。可如果你身边有一个爱唠叨的人，这种心理在你心里就会很敏感、很活跃，甚至影响到正常的生活。

“心道”秘闻

40 多岁的李先生下岗失业了，他以前在单位一直都从事文职工作，离开办公室什么都不会干，找工作非常困难，后经朋友帮忙，才好不容易在一家广告公司谋得一个职位。由于竞争非常激烈，他十分需要鼓励和支持。但是，他的妻子由于李先生两个多月没有上班，经济略微有点儿紧张而抱怨唠叨。这让李先生感到烦躁不堪。他以为自己找到工作后，一切就会好起来。然而，事情并非他想象的那么简单。

李先生每天努力地工作，早出晚归，希望能做出一点儿成绩。但是，由于刚开始接触新业务，业绩并不太好，因此他的月薪并不高。妻子的唠叨与嘲笑开始变本加厉了：人家换工作都挣得比原来多，只有你比原来的少，难怪你下岗。这样的冷嘲热讽让李先生很难堪，甚至是接受不了。这不仅使他的勇气逐渐消失，更让他怀疑自己的能力。在妻子的唠叨中，他的信心被一点点地腐蚀，最后忍无可忍，李先生决定和妻子离婚。这时，本不想离婚的妻子到处哭诉，不但不知道安慰李先生，还是接着唠叨："几个月没赚过一分钱，我省吃俭用地过日子，他也太没良心了……"直到最后，离婚成了事实她也不知道，其实是她的唠叨毁掉了自己的婚姻。如果她能积极地帮助丈夫渡过难关，也许这一切就会是另外的样子。

用"心"说"理"

美国的心理学家特曼博士在调查过200对新婚夫妇的婚姻生活后得出结论：丈夫们都有惧怕自己太太唠叨的心理。另一位德国的心理学家做的测试得到了相同的结果：男人们都把太太的唠叨当作令自己烦恼的事，唠叨会给婚姻带来严重的损伤。

可令人遗憾的是，许多女人都在不断地犯着唠叨的毛病，她们试图用唠叨来影响自己的丈夫，甚至来确定自己的地位，但是，其结果往往是事与愿违。

好菜连吃三天惹人厌，好戏连演三台惹人烦。世间万事万物都要有个合理的尺度，超出这个尺度，事物就会朝相反的方向发展。任何事一旦超过其极限，就会变成最不适宜的东西。

心理测试：你有什么样的恋爱心理

测试导语

面对未来的爱情，你的恋爱心理如何？你想知道自己在哪方面是弱点，需要改进吗？请进行下面的测试。从每个问题后面，选出一个符合自己情况的答案。

测试开始

1. 当他（她）穿着不合适的衣服，很骄傲地对你说“这件不错吧”，你怎么回答？

A. 明白地表示，“没气质”。B. 笑而不答。

C. “不错。” D. “不错是不错，不过上次那一件更好看。”

2. 约会时，当看到他（她）很沉默、很无聊的样子时，你会说什么？

A. “回去吧！” B. “怎么啦？心情不好？”

C. “不去旅馆吗？” D. “有什么不愉快，我会帮助你。”

3. 有人在一个人的背后贴上了一张写有“混蛋、色狼”的纸条，那个人却没有注意到，你会怎么办？

A. 趁他不注意时把纸条取下来。

B. 偷偷地跟身边的人说：“你看。”

C. 提醒那个人：“请脱下西装看看。”

D. 默不作声。

4. 当你和男（女）朋友交往时，父亲劝你：“不可以跟那种男（女）人交往，马上分手！”对此，你会怎么回答呢？

A. “可是……他（她）是个很好的人，希望爸爸能了解他（她）。”

B. “我也正想和他（她）分手。”

C.“知道了，我会好好想一想的。”

D.“分手就分手。”

5. 如果把自己跟身边的三个同性朋友相比，谁最有魅力，最受异性欢迎？

A. 不知道。B. 自己是最糟的。

C. 当然是自己最受欢迎。D. 自己在四个人中大概排中间。

6. 假设在结婚典礼的前一天下午，昔日的男（女）友突然出现，对你说“一想起过去，我就想紧紧地抱着你”，并向你提出非分要求，这时你会如何？

A. 被迷惑了。

B. 答应对方。

C. 打他一巴掌，并说“不要轻侮我”。

D. 拒绝。

评价标准

请分别算出你所回答的 A、B、C、D 各有几个，数目最少的那一组，就是你的类型。如果有两组以上数目相同的话，那你就是 E 类型了。

心理透析

A 型：不论遇到什么事，你总是先为自己着想，而无视对方的立场及心情。你内心更希望别人关心你，所以恋爱中常让对方觉得你很冷酷无情。

B 型：你所欠缺的就是一颗开朗的心，总给人很阴沉的印象。其实，你是一个很认真的人，但认真得过于严肃反而容易让对方远离你。

C 型：你是个好交际的人，与别人关系也比较融洽，但你总是缺少决心，有时很容易在某一瞬间改变决定，恋爱中你需要学会坚持。

D 型：你所欠缺的就是慎重。你做事比较冲动，每当别人有事求你时，你往往一口就答应下来，事实上却没办成事，这样往往就会失去别人对你的信任。但是像你这一类型的人朋友很多，也是受异性喜爱的对象。

E 型：你大概是光喜欢思考却很少行动的人。不要这样畏首畏尾，对自己应该有一些自信，这样恋爱才能成功。

第四章

办公室里那些事儿：职场心理学

在工作中，我们几乎时时刻刻都和同事、老板打交道，如果拥有良好的交往技能，对我们工作的顺利推进将有非常大的帮助。其实，几乎所有的人都知道处理好人际关系的重要性，但是应该怎样做才能和同事好好相处呢？首先就是掌握办公室交往的心理小技巧。

你在忙什么：别做职场“穷忙族”

在日常生活中，我们总是能看到这样一类人，明明每天都很努力地工作，可就是没能为公司创造多大的效益；每天都忙碌地干活，却不能获得升职或加薪。这类人被称为“穷忙族”。

“心道”秘闻

走出大学校门不久的李洋找到一个在某化妆品公司做销售的工作，刚开始工作的时候，李洋总是十分卖力。然而，每当下班后，他就会找朋友诉苦，抱怨自己上班的时候，就像个陀螺一样转个不停，根本没有歇息的时间。尽管他表面上装作宠辱不惊的样子，其实内心如同一团乱麻。每当到了发薪水的时候，他更是高兴不起来。

李洋总是对朋友抱怨称：“自从工作以来，我发现自己变得非常焦虑不安，几乎不敢设想自己的未来会变成什么样子！如今的社会发展太快，每一个工作都充满竞争力，稍微停下来一段时间，也许以后的日子就会变得更加艰难。所以，我内心很焦虑，可是苦思冥想也找不到解决之法。销售这个行业，普遍都是低工资，主要靠业绩拿提成。可是，像我这样的职场新人，最欠缺的就是销售经验，为了向那些在销售界的前辈请教经验，我总得找一个像样的饭店请他们吃一顿吧，结果，我在不知不觉中就花掉了很多钱。除此以外，我还要为了拉拢客户，花钱请那些愿意和我签单的客户吃一顿。如此一来，我几乎成了‘月光族’了。”李洋为了赚到更多的钱，在努力吸收专业知识的同时，还需要跑业务以便提高自己的销售业绩。所以，他几乎每一天都要加班到夜晚 10 点才拖着疲倦的身体回家。

用“心”说“理”

有人说：“忙本身没问题，但是，如果变成‘盲’就不好了。”做事一定要讲究方法，不管我们每天需要做多少事，都要偶尔停下来问问自己：“我究竟在为什么而忙？”只有这样，才能使自己忙碌而不会“盲目”。

目标清晰的人能够忙出收获、获得成就，目标模糊的人却一直瞎忙、一事无成。那么怎样才能明确目标，摆脱“穷忙族”的称呼呢？

1. 要重视目标

我们总说影响一个人成长和成就的是“三观”，即世界观、人生观和价值观，其实还有一项特别重要的决定性因素，那就是目标。很多人知道目标，但很少有人能重视目标的存在。只有重视目标的存在，才会在接下来的行为中体现出来。

2. 要制定目标

我们的目标可以很抽象，因为我们抓不到自己的目标；我们的目标也是具体的，只要努力，目标就能实现。当然首要的一个前提就是我们要制定一个切合实际的目标。目标必须是具体而明确的，在我们的脑海中一定要清晰可见，这样才会增大实现的可能性。

3. 要有实现目标的力量

这份力量包括实现目标的技巧和信心两个方面。做事要讲究策略和方法，成功的方法有很多，但是要想快速地达到目标，我们必须选择捷径。在实现目标的过程中，很多人都害怕遭受大家的讥讽，这就需要我们时刻保持自信，相信自己才能给予自己力量。

猎奇心理学：不要总认为自己怀才不遇

一个人要想取得成功，就必须善于展示自己。如果你身怀绝技，但藏而不露，使他人无法了解，到头来，你也只能是空怀壮志、怀才不遇了。

“他怎么就成功了？为什么我就没有这种运气？”或许你为此抱怨了无数次，却没有反省自身。那些成功的人，他们并不是仅仅依靠“运气”，还在于他们能够及时地将自己推销出去，紧紧抓住每一次迈向成功的机遇。事实表明，善于推销自己的人，才会有更多机会。

“心道”秘闻

毛姆是英国著名作家，年轻时候的毛姆默默无闻，一直对自己写的书无人问津而感到耿耿于怀。要知道，一名作家要让读者认可自己，必须阅读他的著作。如果他只是向人干巴巴地介绍他的作品如何如何的好，根本不会有人因此信服他而买他的书。于是毛姆别出心裁地在报纸上刊登了这样一则广告：“某年轻百万富翁，性情温和，爱好体育、音乐，希望能与毛姆最新作品中女主角性格相同之女士为友，而后论婚嫁……”几天以后，毛姆的著作成了书中翘楚，竟使毛姆一度跻身于著名作家的行列。

用“心”说“理”

一则小小的广告竟然带来如此神奇的效果，这只能说明毛姆自我推销技巧的高明。他巧妙地利用人们的猎奇心理，让人们对他的作品产生兴趣，从而也将自己“推销”给了读者大众。迂回推销技巧的精华就在于：别出心裁、藏而不露。

初涉社会、职场新人、背景低微……抱怨机遇对自己不公没有任何用处，摆在我们面前的首要任务是努力把自己推销出去，热情而自信地结交陌生人，发现新机会，让生活时时刻刻充满希望。

学会推销自己，机遇才会闻讯而来。机遇的时间性特别强，长则数载，短则稍纵即逝。伯乐相马的例子大家耳熟能详，千里马客观存在，但在伯乐出现之前却没人能认出它是千里马，正是伯乐的出现，才使人们认同千里马的存在和价值。对千里马而言，这就是它成功的关键，伯乐就是机遇。千里马常有而伯乐不常有啊！李白不但有本事，而且出类拔萃，这点毋庸置疑，但是他一辈子都没能实现他的政治理想，就是因为他没有机遇。

在一些情况下，我们要向对方介绍自己，但是对方不一定会接受你，你要做一些事来让对方欣赏，却又苦于找不到适当的机会。这时，就需要我们采取迂回的技巧，让对方在不知不觉中认识你并接纳你。

积极地推销自己，才可以铺开属于自己的成功之路。物竞天择是万物生存的规则，这个世界是现实的，也是充满竞争的。如果你不能积极进取地跑在前面，那么就只能被后面的对手追上，就算你不在乎多少人会追上你的脚步，就算你不看重他们会不会远远把你甩在身后，最起码你应该正视自己在这个世界上的价值以及自己生活的真正意义。

勇敢地推销自己吧，机遇就在不远处向你招手！那些伟大的行动者实质就是那些具有积极心态的人，他们是真正的实践家，而不仅仅是任劳任怨的勤奋者。所以，既然准备好了你就勇敢地去推销自己，发表自己的见解并用自己的行动证明自己的正确吧！

成长心理学：如何挺过“心理断奶期”

“我真的什么事情都做不好吗？”“看来我是不适合出来找工作。”“我毕业好几个月了，怎么越来越迷茫。”“参加工作一点都不好，还是上学时比较好。”很多二十出头、刚刚毕业的大学生都有这样的想法和顾虑，工作的种种不顺让他们无法割舍对母校的留恋，心理学上将这种心理称为人生的第二个“断奶期”。

“心道”秘闻

2016 年 6 月，小杨大学毕业了。毕业后，他没有像别的同学那样天天忙忙碌碌地投简历、找工作，而是在母校附近租了一间小房子，没事干时就经常回到学校找一间自习室看看书，或是听听学校举办的讲座，甚至还常常在学校的食堂吃饭。别人很好奇他的做法，小杨却戏称自己是一名“大五”学生。他说他不愿意这么快脱离学校进入社会，因为他还没有做好进入社会打拼的准备。此外，大家忙忙碌碌地投简历找工作也让他倍感焦虑。但是，只要他背着书包走进学校，他的焦虑就会立马烟消云散。几个月后，当其他人都如愿找到自己向往的工作后，小杨更加焦虑了。他也试着投了几个单位，但都石沉大海，这让小杨的自信心大受打击。与此同时，他跑学校的次数更多了，他发现他自己越来越离不开校园了。

小杨到底怎么了？他为什么离不开校园？为什么无法融入社会？

用“心”说“理”

案例中的小杨之所以离不开校园，是因为他还没有度过“心理断奶期”。小杨对母校心理上的依赖是因为他的不成熟而造成的，而且这种不成熟也不利于他事业的发展。

“断奶期”属于很正常的一种现象。二十几岁的年轻人从校园走出来，开始适应社会大环境，就是一个“断奶”的过程。从学生到职业人士也是一次重要的角色转换，言行、心理都应该进行相应的调整。

专家指出，刚毕业的二十几岁大学生应该把眼光放得长远一些，给自己制订三年或五年的职业规划，然后坚定不移地朝着这个大方向努力，不要患得患失。在工作中，对工作认真负责，以公司利益为重，有团队意识，既不要骄傲自大，也不要妄自菲薄，要处理好人际关系……

挑战心理学：风险和机遇成正比，高风险意味着高回报

看到别人工作出色，备受重视和重用，你是不是感到嫉妒？曾经的同事成为自己的上司，对自己公事公办，你是不是感到心理不平衡？看到别人买车买房，而自己还一事无成，你是不是感到自卑？事实上，你不该嫉妒别人，不该心理不平衡，也不该自卑，而是该好好地问问自己，遇到难以克服的困难时，你为了维护自身安全和既得利益，是不是不敢去做哪怕是一点点的尝试，畏首畏尾、止步不前，甚至选择了逃避？

“心道”秘闻

王斌和牛彭大学毕业后，同时任职于一家印刷公司，担任技术专员。刚开始两人的工作表现没有太大的差别，可是半年后，牛彭晋升为主任，王斌却被老板辞退了。主要因为一件事情：公司从德国进口了一套先进的排版设备，老板嘱咐王斌和牛彭好好地研究一下，争取在一个星期内投入使用。

王斌一看说明书都是德文的，连忙推诿说：“我对德语一窍不通，看不懂说明书，我不会用。”牛彭自然也知道这是块“烫手山芋”，但他还是接了下来，并夜以继日地忙碌起来。不懂德文，他就请教老师与朋友或者在网上在线翻译；新设备中有不明白的地方，他就通过电子邮件向德国的技术专家请教。几天下来，他已经熟练掌握了新设备的使用方法。在他的指导下，同事们也都很快学会了。

老板知道牛彭不会让自己失望，总是把重要的、难度大的工作交给牛彭完成，而把一些无关紧要的工作交给王斌。牛彭做得多、学得多，成为公司离不开的人；而王斌做得少、学得少，自然成了多余的人，被辞退在所难免。

用“心”说“理”

在大多数人看来，一个星期内掌握运用一个德文的新款设备是个不大可能完成的任务，难度很高，风险很大，所以王斌不敢接受挑战，不冒风险，求稳怕乱，结果葬送了自己原本无穷的潜能，惨遭公司辞退；而牛彭却积极应对挑战，主动做解决问题的高手，最终胜任了工作，成为企业青睐的人。

每个人都盼望着机遇的到来，但某些机遇在出现时宛如台风海啸、巨石挡道、大山阻川，好像无法把握，其实这正是考验勇气的时候。拿出勇气，仔细观察，你就会发现其实成功的大门并没有完全关死，只要有胆量去试一下就能轻易将其打开，而且风险和机遇成正比，高风险意味着高回报。

那些在各自领域里的杰出人物之所以具有与众不同的魅力，能够成为顶尖人物，并不在于他们掌握了多么广博的理论，也不仅在于他们的能力有多么出众，更因为他们魄力十足，勇于面对风险之事，敢于尝试接触新事物，不甘沉沦，没有退缩，这样才有了更大的舞台，才有了更大的成功。

成功大多数都不是携带着和风细雨来的，更多时候是“山雨欲来风满楼”，在这种时刻，如果我们可以相信自己，战胜自身的懦弱与恐惧，就会做成许多事情。基于此，美国传奇式人物、拳击教练达马托曾一语道破：“英雄和懦夫都会有恐惧，但英雄和懦夫对恐惧的反应却大相径庭。”

的确，聪明之人懂得风险不只是危险和苦难，更是机会和希望。只有鼓起勇气面对风险，风险才有可能被解决，并且反过来为己所用，转变成自己的资本。不冒点儿风险，哪来成功的机会呢？试想，哥伦布如果不航海探险，能发现美洲新大陆吗？达尔文若不亲身探险、收集资料，能完成巨著《进化论》吗？

机遇对任何人都是公平公正的，关键要看你是否是一个有魄力的人。

回想一下，你在工作或者生活中是否出现过这种心理：“我的方案已经做得很完美了，是客户太挑剔了，我也没办法”“那些问题的确很难解决，我已经尽力了，做不好也不算什么”……这些理由看起来似乎合情合理，但背后却隐藏了我们面对困难时的妥协和面对挑战时的逃避。

遇到各种各样的困难，要勇敢面对，摆脱畏惧的心理。现在改变，还为时不晚。

晋升心理学：总是原地踏步，得不到升职机会

不要贪图享受、安于现状，否则当环境使你不得不有所行动的时候，你也许会发现，自己早已错过了行动的最佳时机，等待你的只是悲哀、遗憾和无法估计的损失。

“心道”秘闻

有个人死后，他的灵魂来到一个大门前。进门的时候，守卫对他说：“你喜欢吃吗？这里有的是精美食物。你喜欢睡吗？在这里想睡多久就睡多久。你喜欢玩吗？这里的娱乐任你选择。你讨厌工作吗？这里保证你无事可做，没有管束。”这个人听到这样的话，自然十分欢喜，于是他很高兴地留下来，吃完就睡，睡够就玩，边玩边吃。

三个月下来，他渐渐觉得没有意思，于是便问守卫：“这种日子过久了，也不是很好。玩得太多，我已提不起什么兴趣；吃得太饱，使我不断发胖；睡得太久，使我头脑变得迟钝。您能给我一份工作吗？”

守卫答道：“对不起！这里不提供任何工作。”

就这样又过了三个月，这人实在忍不住了，就又跑到门口对守卫说：“这种日子我实在没法忍受，如果没有工作，我宁愿下地狱！赶紧放我出去吧！”

守卫带着讥笑的口气道：“这里本来就是地狱！你以为这里是极乐世界吗？在这里，你没有理想、没有创造、没有前途、没有激情，你会失去活下去的信心。这种心灵上的煎熬，更甚于上刀山、下火海的皮肉之苦，这才是最严酷的惩罚！”

用“心”说“理”

虽然这只是一个寓言故事，但它却从另外一个侧面告诉了我们：过度安逸的生活其实就是地狱。当一个人的智慧和能力都逐渐消磨殆尽的时候，后悔已经来不及了。

一个人如果丧失了忧患意识，那么，他就会像被温水煮的青蛙一样，在安逸中“死亡”。所以，在从初涉职场到工作干练的渐变过程中，我们要保持清醒的头脑和敏锐的感知，对新变化作出快速的反应。

在漫漫的职场路上，我们都希望自己能一帆风顺，不希望遇到忧患与危机。但客观上讲，忧患与危机并不是什么可怕的魔鬼，当它们出现在我们面前时，往往能激发潜伏在我们生命深处的种种能力，并促使我们以非凡的意志做成平时不能做的大事。所以，与其在平庸中浑浑噩噩地生活，不如勇敢地接受外界的压力，过一种更有创造力的生活。

当今世界上，有许多人都把自己的成功归功于某种障碍或缺陷带来的困境。如果没有障碍或缺陷的刺激，也许他们只能挖掘出自己20%的才能，正因为有了这种强烈的刺激，他们另外80%的潜能才得以发挥。

所以，身处今天快节奏、不断变幻的职场中，我们要懂得居安思危。要知道，危机并不代表灭亡，而恰恰可能是一种契机。我们经由这些危机，往往会发现自己真正的价值所在，激发出深藏于心的巨大力量，从而使人生更加精彩。

跳槽心理学：看重“前途”，看轻“钱途”

金钱不足以创造我们的舞台，要放宽眼光，与现实接轨。我们的舞台不应该是泛泛空谈的，只有建立在现实层面，从实际切入，融入自己的理想的舞台，才算是真正属于自己的舞台。赚钱的速度超乎预期，就会有葬送前途的危险。一个只有一亩地的农民想要在自己的地里收获几千吨粮食，这不是理想，而是妄想。创造属于我们自己的舞台，要有理想，但理想要接近实际、切实可行。

“心道”秘闻

钰涵在大学时学的专业是广告策划，毕业后却因对口工作难找，不得不进入一家房地产公司做文案助理，专门负责文字处理工作。她的文字功底相当不错，做起这份工作来也算得心应手，但是这份工作同她自身的专业并不对口，而且安静枯燥、千篇一律的处理文字并非钰涵所喜欢的。可是她考虑到很多招聘职位都要求工作经验，还是有一份工作先做着当作积累经验，再跳槽也要容易一些。

现在，钰涵已经工作了近一年半的时间，也开始准备跳槽。但一切并没有像她想象的那样顺利。因为钰涵的性格比较开朗，喜欢做一些有挑战性、有创意的工作，所以她非常希望能进一家广告公司做广告策划工作，这样既满足了愿望也符合自身专业。

可是，广告公司这些职位所开出的薪资待遇普遍比较低，究其原因是她没有具体从事策划工作的经验。而反观那些招聘相关文案工作的职位所给出的薪酬待遇则比较诱人，比现在这份工作的薪资要高出一半。虽然这并不是钰涵喜欢的工作，但薪酬条件毕竟比较诱人，也许是她转行之后一两年之内都无法达到的高度。面对理想和现实，该做怎样的选择呢？钰涵感到非常困惑。

用“心”说“理”

对于初入职场的二十几岁年轻人来说，更多的人对“钱途”看得更重一些，长此以往，他们会发现，自己的“前途”被阻隔在了很远的地方。作为年轻人要正确定位自己，客观地认识自己的优势和劣势，用长远的眼光积极工作，看重“前途”，看轻“钱途”。在机遇面前，该如何抉择呢？

1. 长效投资和短期收益之间要做好权衡

在职场中，获得收益的机遇特别多，但处理好长效投资和短期收益之间的关系却很难。所以，很多职业顾问都会建议我们要重视职业定位、职业规划。只有确定了自己的职业目标，为以后的职业发展做好规划，才能激发出自己的最大潜力，不断提高能力使自身价值得到提升。但这需要一定的过程，在一开始，你的眼前利益会有所影响，但却可以为你铺展一条合适的职业道路，让你的收益慢慢增多。相反，如果你只看重现时利益从而放弃自己真正的目标，那么在风光一时之后要仔细盘点自己究竟获得了什么。

2. “前途”和“钱途”未必都能争取到

案例中的故事在生活中不在少数，这说明职业目标与现实发生了冲突。很多人选择跳槽，相信就是因为对现在的工作心生厌倦，想转行。但我们都知道“隔行如隔山”，如果你想跨越这条“鸿沟”，就必须付出一定的代价。薪酬待遇是对工作付出的回报，同时也是你自身价值的体现，而这个价值的衡量标准却并不统一，所以在企业和个人之间才容易产生分歧。

3. 从自身实际出发才能实现良好的可持续发展

在面对“前途”和“钱途”的选择时，我们一定得明确自己的真正目标。以故事里的主人公为例，从她外向、善于接受新鲜事物的性格特点来看，策划工作更加适合她，平淡的文案工作已经让她感到厌烦了，如果继续做下去，抵触情绪反而会影响她的职业发展。而如果她从事策划工作，虽然在开始的时候收入不太理想，但随着自身能力的提高，肯定会有所改善，而且对今后的发展还十分有利。

机遇到处都有，但要抓取对自己前途有利的机遇，我们还得正确了解自身的情况，认清自己的不足之处，以便充实实力。

当我们确立好自己的目标以后，就需要放宽眼光，不能被一时的“钱途”挡住了自己的“前途”。我们要努力去寻找为自己创造舞台的机会，带着呐喊，挥动梦想的翅膀，驰骋在人生的大路上。只要站在属于自己的人生舞台上，就要告诉自己，既然决定了，就要用自己所有的精力去完成每一个动作，用实力去证明，自己就是一颗闪亮的明珠。

沟通心理学：让同事对你产生好感，你才能如鱼得水

在职场中和我们打交道最多的就是同事，要想和同事相处好，得到同事的信赖和好感，仅仅靠向同事投以友善和热情是不够的，还要懂得如何运用语言的艺术拉近和同事之间的距离，让同事对你产生好感，这样你才能在职场中如鱼得水。

“心道”秘闻

王某和李某同在一个办公室。一天，经理安排王某去完成一件比较重

要的工作。以前，经理手头的重要任务都会交予李某去处理，可是最近一段时间，不知道什么原因，经理开始格外器重王某。一有什么肥差事就交给王某去办，分给李某的只是一些杂事。这让李某十分不悦。最令李某气愤的是，王某每次都能把经理交办的事情办得很出色，博得经理的连连称赞。这让他又恨又嫉妒，他觉得是王某把属于他的肥差给抢去了。

后来，李某因嫉妒，开始在公司里到处说王某能力比自己差之类的话。王某听后很生气，但是大家毕竟是同事，如果因为李某在私下里造谣中伤他，他就跑去找李某算账，显然有失风度，会给其他同事留下不好的印象。可是不找李某算账，王某又不解气。于是他思索再三，决定用另外一种方式向李某表达自己心中的不满，同时也能让李某转换自己的想法。

一天中午，王某趁大家休息时，主动找到李某说："李兄，最近我常常听到有同事私下里拿我们两人比较，我觉得这是我的荣幸。因为来到这家公司后，我一直都很钦佩你，我非常佩服你对待工作认真严谨的态度以及卓越的工作效率。经理总跟我说，让我向你学习，所以他给我安排了一些锻炼机会。李兄，在工作方面，你一直都是我心中的榜样，而且在公司里，我也需要你的帮助。前段时间因为工作忙，也没顾得上好好和你谈谈。咱们交个朋友吧，我相信我们会成为工作上以及生活上的好伙伴的。"

听到王某这么说，李某感到十分羞愧。自己好歹也算是公司的老员工了，对于一个新人还这么嫉妒，凡事斤斤计较，太不应该……

最后，李某和王某成了朋友。

用"心"说"理"

同事之间要想建立良好融洽的人际关系，必须经常相互沟通。而要做到相互沟通，除了相互帮助、相互谅解之外，得体恰当的语言也是非常重要的。那么，同事之间相处，该如何说话才不招致同事的反感，并让对方感到温暖呢？

1. 当你需要在某方面工作最拿手的同事帮助时，可以"送高帽""灌迷汤"，并保证他日必定回报，这些都是必要的。而且还要记得，将来有功劳的时候别忘了给他记上一笔。

2. 和同事沟通，以自然、平实的态度表现自己是最好的方式。以一颗谦逊的心去热诚待人，更能使别人对你产生好感。

3. 与同事相处，当他征求你的意见时，不要对他发出毫无意义的称赞；当他在无意中冒犯了你，又没有跟你说声“对不起”时，你要以宽容的心态，真心真意原谅他；如果今后他还有求于你时，你依然要毫不犹豫地帮助他。

4. 对于年纪比你小的同事，也要注意一定的分寸，应该保持慎重的态度。年纪较小的同事，思想可能太冒进，或者知识经验不及你，所以与他们谈话时，注意不要对其随声附和，降低自己的身份。但也不要同他们进行辩论，不要过于执意。

自信心理学：要想老板看重你，首先要看重自己

自信心定律：一个相信自己有能力完成各种任务、能应付各种事件、能达到预定目标的人，必然是一个充满自信的人，也是容易成功的人。职场上，自信心对于一个人很重要。要想老板看重你，首先要自己看重自己。

“心道”秘闻

某人在一家公司工作了近十年，总是抱着“我的能力有限，再努力也没有用”的心态，因此工作上从未有什么出色的业绩，薪水也不见涨。一天，他终于忍不住向老板大吐苦水。老板对他说：“你虽然在公司待了近十年，但你的工作经验却和只工作了一年的员工差不多，能力也只是新手的水平。”可见，有一个自信积极的心态对我们的职业前景非常重要。

某网站转载了一则关于某男子毕业三年，因不自信丢掉了第六份工作的消息：“难道我真的一无是处，是个没用的人？”刚刚失去第六份工作的李磊（化名）想起五年来在工作中的点点滴滴，对自己彻底失去了信心。

他说，前几天刚被老板辞退，这已经是他毕业三年来的第六份工作了。他自己觉得，不自信是丢掉工作的主要原因。原来，一周前李磊到

一家牙科诊所应聘，老板问他是什么学历，因为害怕老板嫌弃自己的学历低，李磊便谎称是本科学历，而实际上他是大专学历。本以为老板只是问问学历，没想到上班之后，老板天天要他拿出学历证书。再也瞒不过去的李磊只得向老板吐露了实情，结果第二天老板就以“为人不诚实”将他辞退了。

“一家私人诊所可能也不会太在乎学历，我毕业三年了，有工作经验，这对老板来说可能比学历更为重要。”李磊很后悔当初不自信，没有对老板说实话。

用“心”说“理”

客观上来说，一个人有没有自信，来源于对自己能力的认识。充满自信就意味着对自己信任、欣赏和尊重，意味着对工作胸有成竹、很有把握。

未来学家弗里德曼在《世界是平的》一书中预言：“21 世纪的核心竞争力是态度。”这就是在告诉我们，积极的心态是个人决胜未来最为根本的心理资本，是纵横职场最核心的竞争力。

所谓的积极心态，自信心当然是非常重要的一部分。一个失去自信的人，就是在否定自我的价值，这种思维很容易让其走向极端，并把一个在别人看来不值一提的问题放大，甚至坚定地相信这就是阻碍自己进步的唯一障碍，自然就很难有出类拔萃的成就了。

事实上，工作中若能时刻保持一种积极向上的自信心态，即使遇到自己一时无法解决的困难，也会保持一种主动学习的精神，而这种内在的、自发的主动进取，往往会让我们把事情做得更好。

美国成功学院对 1000 名世界知名成功人士的研究结果表明，积极的心态决定了成功的 85%！对比一下身边的人和事，我们不难发现，很多有自信的人工作起来都非常积极、有把握，并且取得了出色的工作业绩；而那些总认为“我不行”“做不了”“我就这水平了”的人，尽管有过多年的工作经历，但工作上始终没有什么起色或长进。

所以，在职业生涯中，必须充满自信。自信心是源自内心深处、让你不断超越自己的强大力量，它会让你产生毫无畏惧、战无不胜的感觉，这种感觉将使你工作起来更加积极。

既然自信心如此重要，那么，我们要怎样做，才能树立自信心呢？

首先，在平时的工作中要不断地学习，不断地提升自己。阿基米德说过，“只要给我一个支点和足够长的杠杆，我就可以把地球撬动”。阿基米德之所以有如此的自信，是因为他深入掌握科学的原理。关羽之所以敢独自一人去东吴单刀赴会，是因为他深知自己的本领，正所谓“有了金刚钻，才敢揽瓷器活”。

其次，要有一定的耐心和毅力。有些事情不是一朝一夕就能做好的，需要我们持之以恒地去努力。要用长远的目光看待目前遇到的困境，相信我们有能力去解决它，相信最后的成功必定是我们的。

最后，不要总想着自己的缺点，要时刻告诉自己“我是最棒的”“我是最优秀的”。每个人都有缺点，完美无缺的人是不存在的，对自身的缺点不要念念不忘。要知道，别人往往并不会那么在意你的缺点，要相信自己是最棒的、最优秀的。

心理测试：职业心理障碍

测试导语

为了进一步明确你是否确实存在职业心理障碍，以及是什么样的职业心理障碍，请你进行“职业心理障碍综合诊断测验”。你只需在下面20个描述中，就是否符合自己的情况选择“是”“否”即可。

测试开始

1. 最近半年，你是否一直有无法解释的全身无力等现象？

2. 上班前一天你是否不想上班，焦虑不安？

3. 你是否出现抑郁、记忆力减退、失眠、倦怠、精神萎靡不振、头痛、食欲减退等一系列症状？

4. 你是否对工作丧失热情，感到自己正处于极度疲劳的状态中？

5. 你是否有强迫性上网行为和难以自拔的上网渴望与冲动？

6. 你是否有工作较轻松，却又易于疲劳的感觉？

7. 你是否感觉肠胃不适并伴有厌食倾向？

8. 你是否在精神方面出现注意力难集中、记忆力减退等情况？

9. 你是否产生了非常大的压力，并引发情绪的紊乱？

10. 你是否总是不愿意与他人分享信息、工作设备或其他工作资源？

11. 你是否常常因感觉疲劳而无法集中自己的注意力？

12. 上班前，你是否有拖拉、不想上班、心情沮丧等行为和情绪？

13. 你是否每天想得最多的是离开办公室工作？

14. 你是否对办公场所有强烈排斥感甚至恐惧感？

15. 突然被迫离开电脑，你是否容易出现挫败的情绪反应？

16. 对于同事的工作以及获得的成就你是否感到嫉妒？

17. 你是否显得气量狭小、反应迟钝、懒散健忘？

18. 你是否常消极地评价自己，并伴有工作能力体验和成就体验的下降？

19. 最近半年你是否常常感觉肌肉不适或疼痛、食欲不振？

20. 上班时，你是否会有疲劳、头痛、注意力不集中等情况出现？

评价标准

只要符合每项中其中的一项内容就答“是”记1分，选“否”记0分。各题得分相加，统计总分。所得的总分就是你的“职业心理障碍综合测验”的总体得分。这个得分说明你的职业心理是否正常。

心理透析

如果你的得分在5分以下，说明你职业心理适应上没有异常，不存在任何人格障碍。

如果你的得分是6 ~ 15分，说明你具备一些职业心理障碍的特征，但只要平时自己注意，并不影响你的生活和工作。

如果你的得分在16分以上，说明你有比较严重的职业心理障碍，可能会影响你的生活与工作。建议你深入分析自己的职业生涯，并在日常生活中注意矫正自己的心理异常，同时运用本书提供的方法对自己的职业心理的障碍进行矫正。

第五章

二十几岁，学点社交心理学

在日益激烈的竞争下，一个人的成功与发展离不开与他人的合作沟通。在与他人的合作沟通中，免不了社会交往，这时候只有具备良好的社会交往能力才能让你立于不败之地。人与人的交往，实际上是心理的交流。二十几岁，应该学点社交心理学，以便轻松应对各种人际交往问题。

仪表效应：给人舒适的外表形象

仪表是一个人的外在形象和内在素质的集中体现。而适当的仪表既是对他人的尊重，也是对自己的尊重，在个人的事业发展中起着重要的作用。内外兼修的仪表体现出一个人的涵养，对与他人的交流沟通具有很大的促进作用，能够提高你的交际魅力。

“心道”秘闻

李颖很漂亮，是个大美女，有很多的追求者。一次，有个她暗恋的男孩子主动提出跟她约会，欣喜无比的李颖爽快地答应了。无比激动的她在约会的前一天为第二天怎么打扮自己伤透了脑筋，穿什么衣服，化什么妆，是穿有蝴蝶结的鞋子还是穿性感一点的靴子。最终，李颖因太注重这次约会，最终选择了性感风，穿着男人们都喜欢的性感“V”字露背装，穿着狂野高跟鞋。就这样，浓妆艳抹的她赶去赴约。

有趣的是，李颖准时到了约会的地方，一进门就看见她喜欢的那个男孩子在等她，她径直走到他面前，谁知，男孩一脸无辜与茫然，且略带羞涩地说：“抱歉，我不需要服务。”

看着他头也不回地离开，李颖顿时蒙了：“他把我当成什么了？果真没认出我来？”

后来，李颖知道是自己的妆容太过了，自己应该以符合自己身份的仪表出现，这种场合真不适合浓妆艳抹，这样的表现无法给别人带来好感，更谈不上打动人心。

用“心”说“理”

虽然现在是个“看脸”的世界，但是仪表和修养更能长久地打动人心。

什么样的场合，就得以什么样的仪表出现。要想打动人心，要想结交更多的朋友，就必须注重仪表，因为仪表是一个人诚心、自信的直接表现。

心理学家认为，在现实生活中，仪表，尤其是服装和表情，不仅对意识形态有作用，而且对人类的性格及心理状况也起到了很明显的作用。例如服装的色彩，红色服装能煽动人的热情，黑色服装显得庄重，黄色服装显得高贵有气质，蓝色服装则让人有宁静之感……

很多时候，我们会不自觉地以“衣冠”取人。美国人做过一个街头实验，让一个小男孩在同一个地点以“王子”和“乞丐”的打扮寻求路人的帮助，路人大多对穿得仪表堂堂的小男孩伸出了援助之手，而对不修边幅的“乞丐”男孩则冷漠走开。事实证明，那些仪表堂堂、有吸引力的人要比那些不修边幅的人有更多成功的可能。

同化效应：什么样的圈子造就什么样的人

“同化效应”是指人们的态度和行为逐渐接近参照群体或参照人员的态度和行为的过程，是个体在潜移默化中对外部环境的一种不自觉的调适。就如“入幽兰之室久而不闻其香，入鲍鱼之肆久而不闻其臭”一样，和什么样的人待的时间长了，你也就成了什么样的人。俗话说“物以类聚，人以群分”，什么样的圈子造就什么样的人，就是这个道理。

“心道”秘闻

十几年前，一个姓周的老乡家生了一对双胞胎，是两个很可爱的女儿。这个老乡的表姐很喜欢他家的两个孩子，再加上周家经济状况窘迫，就送了老大给她认作女儿。不久表姐全家搬迁去了外地做生意，再过三四年回家碰面，两个小孩都长得挺高了。虽然一见面就看得出俩娃是一个娘生的，但性格却是天壤之别。老二晒得很黑，有什么都喜欢让给别人吃，爱往别人嘴巴里塞东西。老大被惯坏了，有什么东西放到她口袋里都再也要不回来。

日复一日，年复一年，转眼间两个姑娘都长到15岁了，这时，她俩的区别也就更大了：老二和其他普通的农村小孩一样，健康憨厚；而老大穿着名牌，不怎么和人打招呼，心情不好时甚至直接冲着长辈大喊大叫。更糟糕的是，因为她养母有吸烟的习惯，她小小年纪也开始躲在角落里吸烟。现在每次她的亲生母亲一说起自己的大女儿就掉眼泪，说自己那时候为什么那么糊涂，把老大送给别人养，真是害了她一辈子。

用“心”说“理”

圈子决定人生。从一些实例中我们可以看出，雄鹰在鸡窝里长大就会失去飞翔的本领，野狼在羊群中成长也会丧失狼性而无法驰骋草原。生活中最不幸的是由于你的圈子缺乏积极进取的诱因，使你的人生变得平平庸庸、黯然失色。

如果你终日处在一个积极向上的圈子里，受到周围人的感染，你也会努力勤奋起来，并且可能做到最好。

而在一个消极散漫的圈子中，同样也可以让一个优秀的人变得平庸。如果这个人不足以撼动整个圈子的气场，就会被这个圈子同化。人总是有惰性的，当圈子里的人都不思进取、沉迷安乐，对工作得过且过，没有计划性，没有长远性，没有良好的执行力，组织框架松散无序，在这种环境感染下，再优秀的人也会变成一个平庸无为的人。

同样的蔬菜在不同的水中浸泡一段时间后，将它们分开煮，其味道是不一样的。同样的道理，人在不同的圈子里，由于长期的耳濡目染，其性格、气质、素质和思维等方面都会有明显的区别。即使是同一类型的人，圈子的不同也决定其命运的差异。

圈子是可以渲染的，你和什么样的人相处，便容易成为什么样的人。古有“孟母三迁”，说的就是这个道理。正所谓“蓬生麻中，不扶而直；白沙在涅，与之俱黑”，每个人经历的圈子中都有各种不可抗拒的“麻”和“涅”，想做笔直的“蓬”而不是染黑的“白沙”，就需要选对圈子，做对人、做对事。

励志成功学大师陈安之如是说：想成功的人，就要和成功的人在一起；想快乐的人，需要跟快乐的人在一起；想拥有健康的人，需要跟健康的人在一起。一个人身份的高低，是由他身处的圈子决定的。圈子越好，朋友越多，意味着你的价值越高，对你的事业帮助越大。

竞争优势效应：我＋我们＝完整的我

面对工作中的竞争对手，我们不自觉地就有一种“敌对”态度，毕竟人人都希望自己比别人强，没有人愿意承认自己比别人差。但在实际工作中，要想把事情做好强，就必须本着一种“合作”而非“敌对”的态度做事，努力实现“双赢”。当涉及自身的利益时，千万不要为了击败竞争对手去做“伤敌一千自损八百”的事情，这是极不明智的做法。而是要在双方拥有共同的利益时，优先选择有利于双方的“双赢合作”。心理学家称这种现象为“竞争优势效应”。

“心道”秘闻

宁波雅戈尔制衣有限公司的成功，就是因其在前进的道路上不断积累人脉，从而加快了自己成功的步伐。

上世纪80年代初，当雅戈尔还是个连工资都发不出的烂摊子时，厂长李如成的一个朋友告诉他：吉林辽源经编厂有一批经编涤纶布要搞加工返销业务，尚未确定客户。李如成立即赶到辽源，苦口婆心地与对方商谈，终于拉回100多吨经编涤纶布的加工业务。工人们日夜加班赶制，当年便获利50万元，使公司摆脱了“山重水复疑无路”的困境。

上世纪90年代，公司已初具规模。李如成瞅准国内高档衬衫，决定走合资办厂、更新设备、创造名牌之路，但一时苦于无合资伙伴，一位朋友传来信息，澳门南光国际贸易公司副经理曹贞女士正在杭州，欲在大陆寻找合作伙伴。李如成立即驱车直奔杭州，千方百计找到曹贞女士，并说服她到宁波看看。这一看，给曹女士留下了深刻的印象，使她打破了南光公司过去只搞贸易不搞投资办实业的惯例，欣然同意与李如成合资办厂。从此雅戈尔生机勃勃，开始了新的飞跃。

用“心”说“理”

“1+1>2”这个富有哲理的不等式给我们的启示是：集体的力量并不等于个人力量的简单累加，而是互相促进的累加。

正如李如成所说：“朋友也是一种无形的财富”。雅戈尔前进的每一步，都有热心的朋友伸出援助之手。

在交往的过程中，真诚地对待对方，坚持互惠互利的原则，关系才能持久，事业才会发达。任何一个获得成功的精英人物，绝不是单枪匹马、单纯依靠个人之力取得成功的。

社会的发展对于分工协作的要求越来越明显。行业的多元化、市场的细分化无不体现了这种要求。人是社会的，要想获得发展，就必须依靠众人的力量。因此，能否与别人建立双赢的关系，是一个人事业成败的关键。一个人要想有所成就，就一定要立足双方，用真诚去对待人情交际中的每一个人。

互惠原则：师姐不是你不想叫就不叫的

如果凡事都能达到“互惠互利”的结果，当然是大家都满意的最好结局。在人情社会中，人们更愿意谈人情，因此在交往中应该把“互惠原则”当成第一原则。人际交往需求可以粗略地分为两个基本层次：一个层次是以情感定向的人际交往，比如亲情、友情、爱情；另一个层次是以功利定向的人际关系交往，也就是为实现某种功利目的。

“心道”秘闻

大一新生秦悦刚踏进校园，春风得意间被同寝室的刘萍喊住，说她犯了大忌。刘萍指着不远处的几个人得意地笑了。原来那几个人是师姐，秦悦也知道啊，那又怎么了。刘萍说，这你就不懂了，进大学师哥师姐一定要叫的。秦悦心一横就不叫。

刘萍说你不叫吧，是不能把你怎么样，顶多师姐们开个会，从此拉你进黑名单。你也无所谓是吧，但是吃亏的是你啊。咱们专业靠什么出头？这社会拼爹不行，就得拼师哥师姐了。师姐毕业了工作了，有活还不是带师妹嘛。师姐也不是白叫的。师妹靠师姐，师姐帮师妹，师妹再帮师姐。

秦悦一听，想想还真有道理，从此开始尊敬师哥师姐。这不还没毕业，师姐们就已经给她介绍了好几份兼职了。当然这些活不是白来的，秦悦不仅“师姐师姐”地叫，而且只要师姐有事要帮忙，那一定是无条件帮。所以等到秦悦有困难时，师姐自然不会不帮。

人与人交往，互相尊重，则互惠互利；互相敌对，则伤人伤己。喊一声“师姐”，就建立了一个和谐的生存环境。小到个人，大到国家，都应该这样做。

刘萍深刻地了解到人与人之间交往的原则。法律规定了人与人相处的底线，而在这底线之上，就只有靠人情去模糊衡量。互惠原则，利人利己绝不是所谓的“互相利用”。如同刘萍对秦悦说的，大学如同一个社会，这个小社会的生存法则就是：“师妹靠师姐，师姐帮师妹，师妹再帮师姐。”这种良性循环，不仅提高了学生的实践知识，也让他们的人际交往技能不断提升。这样，即使出了校门也不至于经受不住外面的风雨。

用“心”说“理”

互惠原则简单来说，就是你给我一件东西或提供了帮助，我就还你一件东西或提供帮助。这绝不是虚伪，而是一种为人处世的基本礼仪。

首先，互惠的前提就是尊重，用心理学上的一句话来解释就是：你想要别人喜欢你，你得让对方明白你喜欢他。这样，关系才会确定。所以，你尊重别人，别人自然也不会看低你。站在别人的角度看问题，了解别人的需要，这样的好心，必然有好报。也只有如此，方能赢得人们的信任和好感。

其次，值得注意的是：如果只抱着一颗索取的心帮助别人，最后只能是先伤了自己的心。过于功利，成天将帮助别人的事迹挂在嘴边，即使你救人一命，也会遭到他人的厌弃。人生在世，帮助人也要把握好度。

跷跷板定律：人际交往收支平衡

一段稳定的人际关系，必须保持相互交换的平衡。人与人之间的相处关系就像踩跷跷板一样，只有双方的支出对等才能保持关系平衡，否则就会失衡。这在心理学上被称为“跷跷板定律”。

“心道”秘闻

闫阳，就像他的名字一样，是个阳光开朗、大大咧咧的年轻人。按理说，这样的人应该不乏朋友，但是他的人缘确实不怎么好。主要原因似乎是他自信过了头，在大家眼中过于自傲。他名牌大学毕业，专业成绩优异，在学校受到过很多的嘉奖和表扬，本科毕业后，又出国留学一年，拿了个研究生文凭。现在他工作专业对口，这一切都让他有一种无比的优越感。

同事们似乎都不太喜欢和他一起共事，大家反映："他以为他是谁啊！凭什么让我去给他发传真？我也有自己的工作要忙耶！""凭什么动不动就让我给他打饭？""一点小事都让我给他做，他算哪根葱啊！"其实，能到这个公司上班的人，都是名牌大学毕业的，专业成绩优异。闫阳总是让大家做这个做那个，遇到同事的求助，他却总是以抽不开身，没有时间为由拒绝。因此，大家对他的意见很大，平时见面都不敢跟他打招呼，生怕被"黏"上，造成自己的负担。有什么热门话题，大家在一起讨论的时候，都不愿理他，当他是透明人，像是有意要把他和自己分清界限。

有次快下班的时候，一个同事的工作还没完成，又急于去接来北京的母亲。母亲是第一次来，肯定找不到路，他必须去接。于是，那个同事求助闫阳，可是恰巧闫阳已经跟女朋友约好了，为了不让女朋友失望，他拒绝了同事，去赴了女朋友的约会。

在那之后的一个下午，闫阳有事需要用自行车，刚好那个同事是骑自行车上班的，可同事以"自己要用"拒绝了。但是，那个下午闫阳却发现同事并没有用自行车。

后来，闫阳发现类似的事情越来越多，并不是只有一个人这样对他。幸亏有个好心的同事指出了他的问题，原来他总是麻烦别人，而在别人需要的时候，他又不能给予别人帮助，所以大家都不愿意帮助这样一个"自私"的人。

其实，闫阳并不是自私，也不是不愿意帮助别人，他只是没想到自己在这方面的问题，他决定凡事多替别人想想，希望和同事和平共处。

用"心"说"理"

凡是自私的人，总是只想到自己，而不顾其他的人。自私的人就像坐在静止的跷跷板的顶端，虽然高高在上，但却没有人愿意在底端仰视你，他们选择离开这个不平衡的跷跷板，剩你一个人孤芳自赏，当然索然无味。

“自私”分为两种：一种是有意识的，另一种是无意识的。有意识的自私，是个性问题，比如那些爱占便宜的人，斤斤计较的人；而无意识的自私，是社交技巧的问题，比如像闫阳这样的人。不论怎样，二十几岁的年轻人都应该有意识地认识到人际交往中彼此付出的对等问题。要想保持利益的互惠，需要注意下面几点：

1. 平等相待每个人

我们身边的每个人，在人格上都是平等的，无谓贫富差距、知识多寡、年龄长幼。在人际交往中，绝不可抬高自己而轻视他人，或者觉得自己在哪方面技高一筹就不尊重他人。另外，在人际交往中，对于所有的人，我们都应该做到尊重他人的隐私，不随便挖苦讽刺他人的痛处。

2. 尽量帮助他人

在学校里，老师经常教育我们，要乐于帮助他人。其实，如果功利一点去看这个问题，帮助他人就是帮助自己。每个人都有遇到难处的时候，在别人身陷困境时拉他一把，那么当你需要帮助的时候，别人也会及时送来温暖。所以，年轻人应该知道，帮助他人不仅仅是一种美德。

3. 增加自己“被利用”的价值

其实，交际是一种利益互换。他有用你的时候，你也有用他的时候，如果你想吸引他人，就得增加自己“被利用”的价值。一切人际关系的建立与维持，都是人们根据一定的价值观进行选择的结果。人们都倾向于选择那些对自己现在或今后有帮助的人际关系，而选择疏远或逃离那些对自己没有用处的人际关系。为了让自己不被淘汰，你就得增加自己“被利用”的价值。

邻里效应：交往越多越亲密

心理学家认为，如果其他条件相当，人们更乐意与自己临近的人交往。因为在物理空间距离较近的人，见面机会多，熟悉感增加，产生吸引力，彼此的心理空间就容易接近。我们常说“远亲不如近邻”，邻居之间常常见面，而相隔较远的亲戚接触的就少，我们会对接触得少的人感觉生疏。生活中“近水楼台先得月”的事情不少，这种现象在心理学上叫作“邻里效应”。

“心道”秘闻

心理学家曾做过一个关于“邻里效应”的实验。

一位美国社会心理学家对一栋住宅楼进行了询问调查。这栋楼的每家每户都是随机住进来的。住户住到哪个单元，都纯属偶然，哪一户搬走了，就会有新的住户搬进来，因此具有随机性。询问调查时，所有住户都被问到一个问题：和你最亲近的邻居是谁？调查结果表明，居住距离越近的人，交往越频繁，关系就更密切。在同一层楼中，和隔壁邻居交往的概率是41%，和隔户的邻居交往的概率是22%，随着距离的增加，交往概率变小。多隔几户，实际距离差不了多少，但亲密度却有很大不同。

用“心”说“理”

显而易见，交往越多，你们的关系就越亲密。有人开玩笑说，你想追一个女孩子，千万不要天天写信，因为她很有可能爱上送信的邮差。

由此可见，我们想要跟一个人建立亲密关系，就要多接触、多联系。每一次的接触，都会加深他人对你的印象。

这个道理说起来浅显易懂，可是对于现在的很多年轻人来说，难的是不知道如何主动与人保持联系。还有人是由于性格问题，“我不是不友善，我只是太害羞了！”或“我很好相处，只是不好意思找你！”说是性格问题，其实是心理问题，“害羞”“不好意思”，这些都是我们与别人沟通的“心理障碍”，必须去除才行。

想要和别人友好相处，或是想得到他人的认可，第一步就是增加你和他的亲密度，比如经常出现在他的视线中，见面主动打招呼，逢年过节微信、QQ 发个祝福，有事没事跟朋友常聚聚，这样熟悉感就来了。

心理测试：你的交往能力如何

测试导语

下面是人际交往能力的测试，共有 30 道题，请按照自己的符合程度打分。

测试开始

1. 去朋友家做客，如果知道有不熟悉的人，我的热情就明显下降。
2. 我看见陌生人常常觉得无话可说。
3. 在陌生的异性面前，我常常感到手足无措。
4. 我不喜欢在大庭广众面前讲话。
5. 我的文字表达能力远比口头表达能力强。
6. 在公众场合讲话，我不敢看听众的眼睛。
7. 我不喜欢广交朋友。
8. 我的要好朋友很少。
9. 我只喜欢与同我谈得来的人接近。
10. 到一个新环境，我可以接连好几天不讲话。
11. 如果没有熟人在场，我很难找到彼此交谈的话题。
12. 如果在主持会议与做会议记录两项工作中挑一样，我肯定挑后者。
13. 参加一次新的集会，我不会结识多少人。
14. 别人请求我帮助而我无法满足对方要求时，我常感到难以处理。
15. 不到万不得已，我决不求助于人，因为感到很难对人开口。
16. 我很少主动到同事、朋友家串门。
17. 我不习惯和别人聊天。
18. 领导或老师在场时，我讲话特别紧张。
19. 我不善于说服人，尽管有时我觉得很有道理。

20. 有人对我不友好时，我常常找不到恰当的对策。

21. 我不知道怎样同嫉妒我的人相处。

22. 我同别人的友谊发展，多数是别人采取主动态度。

23. 我最怕在社交场合中碰到令人尴尬的事情。

24. 我不善于赞美别人，感到很难把话说得自然亲切。

25. 别人话中带刺揶揄我，除了生气外，我别无他法。

26. 我最怕做接待工作和同陌生人打交道。

27. 参加集会，我总是坐在熟人旁边。

28. 我的朋友都是同我年龄相仿的。

29. 我几乎没有异性朋友。

30. 我不喜欢与地位比我高的人交往，我感到这种交往很拘束，很不自由。

评价标准

符合者打 2 分，基本符合者打 1 分，难于判断者打 0 分，基本不符合者打 –1 分，完全不符合者打 –2 分。

心理透析

先计算出总得分。如果得分低于 –20 分，那么应当祝贺你，你是一个比较善于人际交往的人；如果得分为 –20 ~ 0 分，意味着你的人际交往能力还可以；如果得分为 0 ~ 30 分，说明你的人际交往能力较差；如果得分在 30 分以上，那么应该承认，你的人际交往能力是相当差的。不过，只要能注意锻炼和培养，交往能力的提高并不是很难。如果你对自己的交往能力不满意，就应该注意锻炼，相信你也会具备基本的交往能力。

中篇

二十几岁，
学会看懂你身边的人

第六章

察言观色的心理策略

透过“表象”看内心，人的表情是不会撒谎的，下意识的表情动作往往透露出更真实的信息，它比语言更真实、更准确，是人际交往的重要密码。二十几岁的年轻人应练就一双看穿人心的“火眼金睛”，修炼好处理人际关系的本领！

只有读懂人心，才能做到“知彼”

如果想与他人友好相处，就得“知己知彼”。要做到“知彼”，最好的方法莫过于站在对方的立场看问题，这既有助于我们“知彼”，也大大有益于我们“知己”。

站在对方的立场考虑问题，你会发现，对方的所思所想、所喜所忌，都会进入你的视线中。在各种交往中，你都可以从容应对，要么伸出理解的援手，要么防范对方的恶招。

做到了“知彼”，你就可以在了解对方想法的同时永远抢先一步，在对手行动之前出手。也只有做到“知彼”，你才能在激烈的生存竞争中抢占先机，稳操胜券。不论是打仗还是经商，最大的危险莫过于无知。

“心道”秘闻

清朝晚期，由于清政府采取闭关锁国的政策，当时国人对世界局势一概不知。当有人向慈禧太后进献汽车时，她问“汽车一天要吃多少草”，闹出了大笑话。

更让人痛心的是，当时中国的军工业非常薄弱，对坚船利炮所知甚少，面对侵略者的进攻，几乎全无招架之力。有人认为洋人是“红毛鬼”，将士们在作战前不是好好地准备军队，而是将一桶桶大粪搬上城楼，准备用来驱邪、辟邪……

清政府的失败，很大程度上源自无知带来的盲目的优越感。这样惨痛的教训，足以警醒后人。同样，商海的无知也是非常可怕的，对市场不了解，对竞争对手不了解，这样与盲人瞎马没有什么区别。

用“心”说“理”

“知己知彼”一直是千百年来备受人推崇的思想，作为一种生存智慧和决策决胜方略，“知己知彼”同样适用于社会生活的各个领域，特别是当前的经济社会。

英国的麦克唐纳指出：“表情是心境的写照。”我们可以通过人的眼神和外貌，分析、判断这个人的内心活动和精神世界。因此，我们需要掌握一些察言观色的知识，在社交活动中作为了解对方的一种辅助方式。

人的穿着可以表示一个人在社会上的地位、身份或所属的职业性质。我们也可以从对方的衣服颜色、情调以及跟年龄有关的情况，来探讨对方内在的心理现象和性格特征。

虽然通过人的相貌和衣着可以看出对方的心理特征，但是在某种情况下，由服饰却难以推测出对方的职业与经济能力。例如，有一位在报社担任总编的先生，平时总喜欢穿上华美的西装，扎一条鲜红的领带。初次见面的人看见他的打扮，一般都会误认为他是艺术家或娱乐界从事导演与监制之类的工作者，这种情况就是特例。不过，从穿衣服的心理特点来说，服饰绝对可以充分反映一个人的个性。一个人的穿着，往往可以直接把自己内心的特征呈现于外，准确地表现一个人的性格与心理状态。

除此之外，人的点头、眨眼、皱眉、微笑、摆手及坐姿等看似随意的、偶然性的动作实际上也像语言一样传递着信息，并且具有一定的规律。人们可以通过目光、面部表情、体态以及身体接触等方式表达自己的情感和意愿。在某种情况下，这种方式比使用语言更为有效。人们都知道善解人意在人际交往中非常重要，但有不少人认为只要通过语言交谈就够了，这实在是个太简单的想法。在很多情况下，人们没有必要向他人诉说自己的心情与感觉，甚至在某些场合中还会有意隐瞒自己的真实想法。因此，我们必须学会读懂对方的“态势语”，从而洞悉其性情。

察人识人可分为两种状态，一种是观察他人与生俱来的个性和教养；另一种是观察他人因时间、地点的差异，心里所产生的不同反应。这就要求我们必须时时刻刻注意其心里的思潮波动——为此就必须通过旁敲侧击的策略，用一定的计谋将其内心想法套出来或者是尽量显露出来。人心难测，不易为他人所觉察，但是，人的心理却可由显现于外的表情、动作、言谈等观察而得知。即使是极端型的面无表情者，其心理状态也无法完全隐藏起来。我们只有了解对方的心理，才能采取正确的策略，漂亮地出击。

与不同性格的人相处，还要注意讲究不同的方式方法。俗话说，一把钥匙开一把锁。与不同性格的人打交道，也要区别对待。这不是那种“见人说人话，见鬼说鬼话”的世故圆滑，也不是那种逢场作戏的玩世不恭。这是待人有别，是针对不同的人采取因人而异的恰当态度。

在为人处世过程中，选择一帮真心与自己相交的朋友很难。世间百态，什么样的人都会有。与人交往，我们必须具备明辨好人与坏人的能力。

如果我们每个人都能洞察他人的意图，就可以知人知面又知心，与人们建立起更丰富、更密切、更有效的关系，以获得权力、成功和爱。

奇妙多变的眼部世界：眼睛中的真实含义

眼睛常常与人的性格类型有一定的关系。在奇妙多变的眼部世界中，蕴藏着比较丰富的内容。例如，“斜视眼”一般是对某个不能信任的或无耻的人的一种贬称。相传千年前，古希腊诗人荷马就用贬损的手法描写一个人是“腿有残疾，满脸皱纹”，而且眼睛“斜视”。由此可见，早在千年前，就有人开创了眼睛识别性格的先河。

“心道”秘闻

北京某集团公司面向社会公开招聘总经理，消息一传开，人们纷纷前来应聘。经过多次筛选，最终顺利进入最后一轮复试的只剩下两人。一名是在某公司担任经理多年、有着丰富经验的汪洋，另一名是海外留学回来、曾经在国外担任过部门经理的杨正。

最后一次复试由公司的多名董事一起主持。经过多个回合的较量，两人不分胜负，令多名董事难以选择。正当大家在犹豫选谁的时候，公司的一名董事周淘提议选汪洋，理由是杨正两个眼睛靠得很近，这样的人性格比较多疑，不大适合做总经理。

多名董事听了之后，害怕因为武断而错失人才，于是派人私下去了解汪洋和杨正的为人，结果发现周淘的判断是正确的。

用“心”说“理”

周淘通过分析应聘者的眼睛形状，得出他们各自的性格特点，从而轻松地在两名优秀的应聘者中选择了一个最合适的人来任总经理。

也许很多人都认为周淘的分析是瞎猫碰到死耗子——碰巧了。但是，这并不是没有根据的。眼睛是心灵之窗，隐藏着许多内心的秘密，它每一个细节部分都包藏着一定的玄机，关键看你是否善于观察、捕捉每一个细节。

虽然每个人都有眼睛，但眼睛的形状却大不相同。懂得如何通过眼睛的形状来了解一个人的性格，是人际交往中第一眼识别人的性格的关键。

常见的六种眼睛形状如下：

1. 眼细如线

眼睛细得跟线一样眯着的人，思考周详，但有点儿神经质，而且对什么事情都很敏感，敏感到对自己都是小心翼翼的。只要做事情失败了，他都会认为是别人给了自己不恰当的建议，让他作出了错误的选择。

2. 眼圆又大

眼睛又大又圆的人，率直开朗，表里一致，属于那种典型的明人不做暗事的人，做事积极，而且感觉敏锐。眼睛清澈明亮，永远都是一副好奇的模样，喜欢尝试任何事情，但定力不足，经受不起外界的诱惑，常常无法把持住自己的感情和情绪。

3. 眼角上吊

眼角上吊的人很自信，但过度的自信让人感觉他十分自傲、自大。同时，他也属于天生的乐天派，遇到困难从不退缩、从不低头，属于那种笑对风雨的人，而且有足够的勇气去面对。但做事缺乏谋略和心思，给人的感觉是有勇无谋。

4. 眼角下挂

眼角下挂的人，为人宅心仁厚、古道热肠，做事细心，有责任心，而且十分顾家，是个理想的结婚伴侣，但行动较消极，容易悲观。

5. 眼眶深

这种人理解力强、警觉性高、思虑周密，让人感觉深不可测；同时，脾气相当坏，比较自私，注重自己眼前的利益，也爱挖苦别人。另外，这种人相当挑剔，比较难相处。

6. 眼睛凸出

眼睛凸出的人，心地善良，开朗乐观，善于交际，但有些神经质，经常会没事自我折磨。不过，请注意，罹患甲状腺功能亢进的人，眼睛也会凸出，不可混为一谈。

我们可以通过眼睛的形状解读一个人的性格。在观察眼睛形状的时候，我们还可以同时兼顾一个细节，来进一步地加深对这个人的了解，那就是边观察眼睛的形状，边注意两只眼睛的位置。不要以为每个人眼睛之间的距离是一样的，位置也是一样的。如果这样以为，那就错了。

在看人的同时，你还可以通过他的两只眼睛之间的位置或距离来发掘一些不易察觉的信息。

点睛之笔：从眉毛观察对手

“眉开眼笑”“眉飞色舞”“眉目传情”“喜上眉梢”“才下眉头，却上心头”等词语都说明眉毛也像语言一样能表情达意，反映人情绪的变化。李白在《上元夫人》一诗中说：“眉语两自笑，忽然随风飘。”这首诗明确地提出“眉语”一词。二十几岁的年轻人，一定要掌握通过“眉语”看懂对方的心理的技巧。

“心道”秘闻

一位女士在珠宝商场转了又转，想买一条项链，但不是款式不喜欢，就是价格不合适，总是没有中意的，女士实在是累极了。

当她走到某品牌珠宝商的店里时，已是满脸愁容、眉头紧锁。这时，销售人员赶紧走过来问女士需要什么，女士只是随便敷衍了几句。

销售人员看到女士眉头紧锁，觉察出她可能购物不太愉快，而且已经很累了。便说：“女士是不是很累？先坐下来休息一下吧，购物其实也是一个体力活儿啊！”于是女士坐了下来，销售人员又端了一杯水给这位女士。

然后，销售人员开始和女士聊天，随后女士紧锁的眉头才渐渐舒展开来。销售人员注意到这些，便开始问女士需要什么。女士告诉销售人员她想买一条项链，为了参加某个重要的大型聚会，但逛了一天也没看到合适的。销售人员进一步问了女士要参加什么样的聚会，晚礼服是什么样子的，想要什么材质的项链，以及什么价位能接受。

了解清楚女士的要求后，销售人员请女士来到一个柜台前，为女士推荐了两款合适她的项链，而且价位比女士刚才看的都便宜一些。女士立即喜上眉梢，非常喜欢，并打算从中挑选一款。

突然，女士又皱起了眉头说：“一分价钱一分货，这两款都便宜，是不是质量上有什么问题？”销售人员赶紧解释说：“我们的品牌就是性价比高，因为广告投入小、成本低，所以价格上稍微低一点儿。虽然没有别的品牌知名度高，但因为是中华老字号，戴上肯定显档次。”

这时女士终于眉开眼笑，高兴地买下了项链。

用“心”说“理”

这名珠宝销售人员就是通过观察顾客眉宇之间的情绪来获取顾客的信任，从而慢慢领会并引导顾客的心理，最终让顾客愉快地购买下项链的。

从很早开始，人们在遇见熟人时，打招呼的方式就有很多，除了常见的招手动作，还有一个常见的动作就是微笑地看着对方，向对方轻轻抬一下自己的眉毛。

当两个人所处的距离能看到对方的脸部动作，但是还没达到可以轻松握手的程度时，轻抬眉毛是很好的打招呼的方式。例如，你经过公司另外一个部门的门口，里面有个同事正好看着你，你可能会轻抬眉毛向对方打个招呼。

人类的这个动作是天生的，他们轻轻抬一下自己的眉毛，然后回到原位，在对方看来就相当于是眨一下眼睛。这个动作其实是动作发出者想把别人的注意力吸引到自己脸上，让对方明白他正在问好。这时，通常对方也会快速地抬一下眉毛或者轻轻点一下头以示回应。

但是我们要注意的是，这个动作在某些国家有文化局限，例如在日本，这个动作则可能会被认为是粗鲁、不礼貌的表现，或是被视为不正经的人向异性发出的性暗示。

现在，我们一起来分析下面几种情况中轻抬眉毛的动作代表的含义。

假如你在一个社交场合见到了一个平时只能在电视上或者网络上见到的名人，这时，你会下意识地轻抬眉毛。这时轻抬眉毛的动作亦是表示对此人的肯定，而此时轻抬眉毛的暗语是："我对你十分敬仰""见到你真让我又惊又喜""我非常喜欢你"。我们绝对不会对陌生人做出轻抬眉毛的动作，除非他是一个外表极其出众、一下子抓住你眼球的异性。

如果在你和别人刚见面时，或者你和别人交换了重要意见之后，对方并没有做出轻抬眉毛的动作，那么可以肯定对方并不赞同你或者你的观点和态度，甚至对方还有挑衅的意味。这时，你一定要做好心理准备，以更出彩的表现来让对方抬起他的眉毛，对你刮目相看。

在美剧《别对我撒谎》的一个案件中，莱特曼博士审问一个罪犯作案地点在哪儿？莱特曼博士试探性地说了一个地名，接着又说了另外一个，随后莱特曼博士站起来命令调查人员开始搜查第二个地名。结果，果真从第二个地名搜出了炸药。莱特曼博士是怎么判断出正确信息的呢？其实他只是抓住了罪犯的眉毛动作。

当莱特曼说："是 ×× 教堂吧？"罪犯没有反应，但是他的眉毛和嘴角轻轻上扬了一下，说明他心中正窃喜没有说到正确的地点；而说到第二个地点时，他的情绪有点儿激动，说明这个地点对他很重要。

当一个人有什么高兴或者得意的事情时，他的眉毛总是微微扬起的。想要判断对方的情绪反应，捕捉他眉毛里的暗语不失为一个快捷又有效的方法。

鼻子：人性情的象征

虽然鼻子是缺乏活动的部位，很难从静态的鼻子中读出对方的心理，但不要以为鼻子就没有语言，其实鼻子也有自己独特的语言，而且在日常生活中发挥着重要的作用。如果能够读懂“鼻子”的语言，就能获得一定的性格特征的线索——尤其是有些人想方设法掩饰的那些特质。

“心道”秘闻

小李中午吃完饭就马上去找客户商量送货的事情。刚跟客户说了没几句，他就看到原本挺高兴的客户不停地皱鼻子。

小李马上意识到自己中午吃了大蒜，忘了清洁口腔。于是，他借故到洗手间漱了漱口，又吃了块口香糖，然后再回去跟客户继续商量送货的事情。

这回，他发现客户不再皱鼻子了。自然，事情也得到了圆满的结局。

小李暗暗庆幸自己及时发现了客户的变化，才不至于把事情给弄砸了。不过他最感谢的还是客户的那个鼻子，如果客户的鼻子没给他发出信号，也许到最后，自己还不知道是怎么一回事呢。

用“心”说“理”

有时候，鼻子也能反映一个人的傲慢。在文学作品中经常会有“她鼻孔朝天，一种自高自大的神态”“她仰起鼻子露出轻视的表情”“他鼻尖朝地，对世界不屑一顾的样子”等等这样的描写。这些描写都是通过鼻子的动作反映人的傲慢。

我们除了可以通过观察鼻子的动作来辨别人的心理之外，还可以通过观察鼻子的形状来了解鼻子隐含的更深一层的含义。鼻子一直以来都是那些作家、文豪的写作题材。翻开童话故事，我们就可以看到：国王的鼻子被描写成老鹰鼻，好好先生的鼻子是朝天鼻，酒鬼的鼻子是酒糟鼻，吝啬鬼的是鹰嘴鼻，等等。

下面是五种常见的鼻形。

1. 罗马形

这种人精力充沛，积极进取，好动活泼，而且智力惊人，但不爱认输。特征：高鼻梁，凸出而长，鼻孔极深。

2. 伏犀鼻

这种人比较内向，性情温和，有理想有抱负，思想敏锐，人缘好。特征：鼻直、长、细，而且凸出。

3. 鹰嘴鼻

这种人个性贪婪吝啬，自私自利。特征：鼻尖向下压，跟个钩似的。

4. 掀鼻型

这种人是天生的乐天派，爱问问题。如果是鼻尖向上翻，有可能是浪子。

5. 塌鼻型

这种人能力比较差，而且十分懒惰，做事情缺乏动力，犹豫不决，脾气急躁易怒，有可能一生碌碌无为。特征：鼻子凹进去，好像没有鼻梁似的。

祸福的门户：善变的嘴巴

嘴部是面部表情中富有表现力的一个部位，不同的嘴部动作反映了不同的心理活动。例如，嘴角上扬表示喜悦，嘴角下垂表示痛苦，嘴巴大张表示惊讶，嘴唇紧闭表示生气等。那么，如何通过嘴部动作探知一个人的内心呢？

“心道”秘闻

有人说，一个人会不会说话，要看他嘴唇的厚薄。人们常用吐字清晰、口齿伶俐来形容一个人的嘴上功夫厉害，说他口才好，能言善辩，但这一切都离不开嘴唇的帮助。没有了嘴唇，再能说的人也很难吐字清晰。

难怪那些作家在刻画人物的性格特点时，故意在嘴唇上多下功夫。如鲁迅在《故乡》一文里为了刻画出“豆腐西施”杨二嫂尖酸刻薄的性格，特意突出了她的那两片薄嘴唇。张爱玲在她的经典之作《金锁记》里为了突出七巧儿媳妇的天性笃厚，特意用厚嘴唇来衬托；用薄嘴唇来刻画七巧儿的尖酸刻薄。

在一般的人际交往中，如果我们注意观察一个人的嘴唇，可以更快地帮助我们去了解一个人。

用“心”说“理”

人的嘴唇有着丰富的动作，从某种程度上可以折射出一个人的性格特征和心理状态。

从嘴唇动作了解对方的方法如下：

1. 下嘴唇往前撇

下嘴唇往前撇说明他在接受新的信息的时候持有一种怀疑的态度，并且希望能得到真实的回答。例如，你跟上司说你今天早上起来拉肚子耽误了时间导致迟到，希望得到原谅。如果上司听完之后下嘴唇往前撇，那证明他对你说的话有所怀疑。

2. 嘴唇往前噘

嘴唇往前噘说明他的心理可能正处于一种防御状态，是防卫心理的表现。例如，你是一个老借钱但又经常忘了还钱的人，某天你跟一个朋友谈起借钱的事，如果他嘴唇马上就往前噘，那就证明他正处于一种防御的状态，担心你跟他借钱。

3. 嘴唇抿成“一”字形

抿嘴表示他内心正在下决心，有时候抿嘴是因为碰到自己不喜欢的人或事情。一般来说，这种人都比较坚强，有股不达目的不罢休的顽强韧性。

4. 咬嘴唇

这种情况一般出现在交谈过程中，表现为上牙咬下唇或下牙咬上唇，这说明他正在用心倾听别人的说话，并在心里作分析，有时候甚至是在反省自己。

窥探笑容背后的内心世界

一个人如果笑口常开，那么他将拥有良好的人际关系，并且还能够促进其事业的蓬勃发展。笑容是博人欢心的最好方式之一，一个人笑的表情能够展现出他的性格，或者他的内在。

“心道”秘闻

一天，花之语装修公司的销售人员田馨去拜访一位客户。田馨主要是想与客户（钱总）谈谈何时签下装修合同的事。

钱总：“你最近有没有和李副经理联系这事啊？”

“李副经理？”田馨一下子转不过弯来。她的确没想到过要找李副经理，她一直认为钱总才是她的重点攻关人物。

“没有啊！我正想找找他，听听他的意见呢！”田馨想，我只想知道你的意见，既然你对他是否关心这事这么上心，那我就要用你的这种心理做点儿文章。

“听他的意见，还不如听听我的意见呢？”“我正想找你呢！”田馨小计得逞的快乐随着这句话的脱口而出，让钱总觉得自己掉进了圈套。他咧嘴一笑，把想说的意见又吞了回去。

钱总的笑，让田馨明白钱总知道自己上当了，但只要她多追问两句，他就会表达自己的意见。事实也的确如此。

用“心”说“理”

这个案例说明，一个销售人员要善于解读客户的“笑”的含义，然后根据客户的笑，决定自己下一句话该怎么说，下一步该怎么行动。

笑声的高低，时间的长短，都表现出一个人不同的心理。

1. 狂笑

经常狂笑的人善于社交，能从陌生的环境中找到一群信赖自己、相互依靠的朋友。性格上温顺和蔼，可以让人感到亲切。而且这种人极具冒险精神，为人乐观向上，处事作风积极，团结助人。善于处理繁杂事务，越是繁杂，越勇于征服它。

2. 开口大笑

这种人性格粗犷，行为大大咧咧，为人大方，不拘小节。但是缺乏耐心，面对难题不善于迎难而上，而是知难而退。经常被人误以为做事虎头蛇尾，但是这种人是块做生意的料哦。

3. 微笑

自然的微笑，嘴角稍微下垂。这样微笑的人多数性格内向，不善于辞令，和人交流的时候存在一定的困难，不善于表达自己的真实想法。但对细节十分留意，是个喜欢对对方进行分析的人，可以从中获得各种信息。但是唯一的缺点就是做事情容易半途而废，因此也难以达成自己的目标。

4. 眯眼笑

这类人往往给人的感觉倔强固执，而且对周围人不坦诚，容易被人疏远。性格上比较和气，但是真正触怒他了，就会大发脾气。这类人大都多才多艺，有理想，有抱负，但是不喜欢团队协作，因此难以成功。

心理测试：你察言观色的能力如何

测试导语

察言观色的本领，说到底是一种处世灵活的表现，但你的生活中还真离不了它。要是不注意观察环境、场合以及交往对象的表情、动作等，只怕是说错了话、办错了事，自己还蒙在鼓里。在现代社会里，细致入微的观察能力也是一种生存本领。下面这个测试专为你的观察能力而设，快来测试一下吧。

测试开始

1. 进入某个工作环境时，你会注意什么？

A. 注意桌椅的摆放

B. 注意用具的准确位置

C. 观察墙上挂着什么

2. 与人相遇时，你会看他哪部分？

A. 只看他的脸

B. 悄悄地从头到脚打量他一番

C. 只注意他脸上的个别部位

3. 你从自己看过的风景中记住了什么？

A. 色调

B. 天空

C. 当时浮现在你心里的感受

4. 早晨醒来后，你通常会怎样？

A. 马上就想起应该做什么

B. 想起梦见了什么

C. 思考昨天都发生了什么事

5. 当你坐上公共汽车时，你通常会怎样？
A. 谁也不看
B. 看看谁站在旁边
C. 与离你最近的人搭话
6. 在大街上，你会做什么？
A. 观察来往的车辆
B. 观察房子的正面
C. 观察行人
7. 当你看橱窗时，你会看什么？
A. 只关心可能对自己有用的东西
B. 也要看看此时不需要的东西
C. 注意观察每样东西
8. 如果你在家里需要找什么东西，你会怎样查找？
A. 把注意力集中在这个东西可能放的地方
B. 到处寻找
C. 请别人帮忙找
9. 看到你的亲戚、朋友过去的照片，你会有什么样的感觉？
A. 激动
B. 觉得可笑
C. 尽量了解照片上都是谁
10. 假如有人建议你参加你不会的赌博，你会怎样？
A. 试图学会玩并且想赢
B. 借口过一段时间再玩而给予拒绝
C. 直言你不玩
11. 你在公园里等一个人，你会做些什么？
A. 仔细观察你旁边的人
B. 看报纸
C. 想某事
12. 在满天繁星的夜晚，你会做什么？
A. 努力观察星座

B. 只是一味地看天空

C. 什么也不看

13. 你放下正在读的书时，总是做什么？

A. 用铅笔标出读到什么地方

B. 放个书签

C. 相信自己的记忆力

14. 你记住你邻居的哪些特征？

A. 姓名

B. 外貌

C. 什么也没记住

15. 你在摆好的餐桌前会做什么？

A. 赞扬它的精美之处

B. 看看人们是否都到齐了

C. 看看所有的椅子是否都放在合适的位置上

评价标准

题号	1	2	3	4	5	6	7	8	9	10	11	12	13	14	15
A	3	5	10	10	3	5	3	10	5	10	10	10	10	5	3
B	10	10	5	3	5	3	5	5	3	5	5	5	5	10	10
C	5	3	3	5	10	10	10	3	10	3	3	3	3	3	5

心理透析

45 ~ 75 分：说明你对别人隐藏在外貌、行为方式背后的东西不关心，尽管你在交往中不会产生多少严重的心理障碍。

76 ~ 100 分：说明你有相当敏锐的观察能力。但是，对别人的评价有时带有偏见。

101 ~ 150 分：你是一个很有观察力的人，同时，你也能分析自己和自己的行为，你能够极其准确地评价别人。

第七章

服饰察人：衣着辨别俗雅，妆饰彰显品位

我们常说“看衣识人”。你站在别人面前，不需要说话，衣服就是你的语言。成功的着装，瞬间就可以获得别人对你的初步认可，引起别人更多的关注，良好的形象也可以获得更多的机会。

饰品，心灵文化的显示

通过他人佩戴的饰品，不仅能看出他的爱好和眼光，还可以反映出他内心的秘密。有时候，我们看到平时不爱佩戴饰品的小姑娘突然开始佩戴饰品，如在脖子上围一条丝巾并打个蝴蝶结，又或者频繁更换头花，这时候，我们就可以知道这个小姑娘的心境有了变化，有可能是谈恋爱了。

“心道”秘闻

电影《阿诗玛》中阿诗玛和阿黑哥那忠贞的爱情感动了无数的人，使得他们之间的故事深入人心，流传至今。说到阿诗玛和阿黑哥，不得不让我们想起少数民族之中的彝族。

如果大家注意看《阿诗玛》的话，应该还能记得电影中阿诗玛头上戴的装饰品。其实，那只是一顶普通的帽子，但对于彝族人来说，帽子就是他们的头饰，它有别于普通的帽子。如果细心观察，我们可以从阿诗玛的头饰了解到一些关于她的信息。

彝族姑娘的帽子是很有讲究的。如果阿诗玛帽子上有两个小三角就表示她至今没有如意郎君，仍是单身；如果阿诗玛帽子上只有一个小三角，就表示她已经订亲了；如果阿诗玛帽子上没有小三角就表示她已经结婚了。

姑娘头上的帽子是不允许小伙子随便触摸的。如果男子摸了姑娘的帽子，就意味着男子对这位姑娘有意，那就要娶这位姑娘为妻。倘若这名女子也对这名男子有意，那么就万事大吉；如果女子无意的话，那这名男子可要受苦了，因为他要到这名女子家做两三年的苦力，才可以重获自由。

所以，如果不知道姑娘头上的小三角代表什么就去乱摸，则是自讨苦吃。虽然这个故事和题目联系起来有点儿牵强，但却很明白地告诉我们：

不要忽视别人身上的饰品，有时候饰品能把人藏在内心深处的秘密暴露出来。

用“心”说“理”

人们在选择饰品的时候，总是希望选择一件与自己性格相匹配、符合自己个性的饰品，以达到最佳的效果。因此，在选择饰品的过程中，总会不知不觉地把自己内心所想、所追求的东西都释放出来，表现在饰品上。所以不要忽视你脖子上或手上、脚上的一件小小的“饰品”，它们足以出卖你的内心秘密。

配饰的学问如下：

1. 耳环

喜欢戴耳环的人都有较强的表现欲望，总想通过表现自己引起他人的注意，给人留下深刻的印象，他很在意别人对自己的看法或态度。

2. 项链

喜欢戴项链的人自我意识很强，为人比较直率、开朗，在人际交往中，心里总是藏不住话，有时候说起话来言辞犀利，很少顾及他人的面子，因此得罪人也不知道。

3. 手镯

喜欢戴手镯的人充满朝气与活力，属于精力充沛型的人，聪明而富有智慧，有理想、有抱负，深刻明白到自己想要什么、需要什么，为了达到目的，会坚持不懈。

4. 戒指

喜欢戴戒指的人属于自恋型的人，总觉得自己浑身上下散发着迷人的特质。他喜欢对自己的才能进行夸大，目的是吸引别人的关注，获得更多的赞美与羡慕，对成功、权力、美丽等充满幻想，嫉妒心比较强。

5. 胸针

喜欢戴胸针的人相当重视自己在别人心目中的形象，希望自己能够引起别人的注意。他为人处世比较谨慎，不会轻易相信别人，对人总是有所保留。

从穿着风格洞察对方心理

服装是依附在人身体上的一种外在存在方式，自然也决定了不同的人对服装审美价值的不同。在享受美感的同时，着装的效果也伴随着人的表情以及姿态等向外界展示着人们的心理状态和内心世界。

“心道”秘闻

随着时代的发展、时尚的进步、生活水平的提高，人们对服装已经不仅仅局限在取暖、蔽体的基本需求上了，穿出漂亮、穿出身份、穿出个性等越来越成为更多人的追求目标。所以，穿衣打扮不但能暴露一个人关于时尚好恶的秘密，还能反映一个人的个性风格和内心世界。如穿着时尚个性的人，往往比较有个性，不在乎别人的眼光和观点，甚至对别人的指责嗤之以鼻；穿着漂亮套装的人，往往注重外表，城府较深，希望给人留下好的印象等。

用“心”说“理”

有道是，“衣服是文化的表征，是思想的形象”。着装与心理存在密切的联系。美国心理学家彼得·罗福博士认为，从一个人对服装款式的偏好上，可以推测出其内在的心理。具体来说有如下方面：

1. 喜欢穿款式简单的单色服饰的人

他们充满自信、坚持己见、固执冷漠，但内心往往封闭与害羞。他们只要认定目标，就会脚踏实地、坚持不懈地去实现，哪怕中途有荆棘与障碍，或有人唆使与蛊惑，都不会改变他们的初衷。他们态度坚定而不咄咄逼人，喜欢听取别人的意见，深知“兼听则明、偏信则暗”的道理。

2. 喜欢穿样式夸张或颜色华丽的人

他们表面看上去精力旺盛、充满活力、表现欲十足，但是内心缺乏安全感，是敏感而略带神经质的人。他们往往会因为一些小事而产生过激的反应，他们觉得任何人都不可信，任何人都有可能陷害他。

3. 喜欢穿最新流行服饰的人

他们表面自信满满，但是内心却信心不足缺少主见。对社会和人、事、物没有自己的见解、观点和主张。他们总设法掩饰自己的心虚与不足，所以会在不知不觉中随着社会所认同的价值而随波逐流。

4. 喜欢穿条纹式西装的人

他们主观性极强，不能客观地看待与分析自己和其他人、事、物。想法单纯而直接、自负而固执。他们主观地认为自己无所不能，即使自己错了也不承认，甚至会在错误的道路上一直走下去，对别人的建议与批评充耳不闻，从不自我反省，固执地我行我素。

5. 喜欢穿格子西装的人

他们是权力至上的野心家，是拜金的现实主义者。他们对人充满攻击性，心机重而且对金钱的占有欲望强烈，在“鱼与熊掌不可兼得”的情况下，他们会迅速地选择有利于自己一方，并坚信“有钱能使鬼推磨”的信念。他们外表冷漠、不轻易流露自己的情感，但其内心深处比较脆弱，且多愁善感。

6. 喜欢穿同一款式服装的人

他们性格直率、爽朗、自信，爱憎分明、是非明确。优点是做事果断，言必行，行必果。缺点是清高自傲。

7. 喜欢穿短袖衬衫的人

他们的性格放荡不羁、率直，但为人却随和而亲切，他们很热衷于享受，有强烈的创新意识，不喜欢墨守成规。

8. 喜欢穿长袖衣服的人

他们传统、保守，为人处世偏向循规蹈矩，而不敢有所创新与突破。

9. 喜欢穿宽松自然、不讲究剪裁合身却款式入时服饰的人他们多性格内向，常害羞、胆怯。他们常生活在自我的世界、以自我为中心，很难融入其他群体中，即使渴求与人交往，也往往以失败告终。他们大多没有朋友，但是一旦有却都是知己型的朋友。

衣服能折射出一个人的性格，但并不是无时无刻都是绝对的。选择什么样的衣服，还与某时某地及当时的心情有关。只有常穿的款式才能和一个人的性格特征相匹配。在人际交往中要善于观察和总结分析，千万不要弄巧成拙！

从服装的色彩了解对方心理

在心理学上，不同的服装颜色代表着不同的心理特征，也就是说，每个人内心的个性气质与服装颜色其实有很大的联系。美国心理学家克龙巴赫·李·约瑟夫指出，服装的颜色是会说话的，而且是心里话。毫无疑问，大师的观点是从心理学的角度来分析的，人们喜欢的颜色不一样，在服装上展现出来的心理特质也就各不相同。因此，要想了解对方的心理，最直接也最快速的方法就是根据这个人所穿服装的颜色来判断。

“心道”秘闻

张新刚应聘了一份工作，前三个月属于实习期。张新发现，跟他一起应聘来的人，在实习培训过程中，大多穿着冷色调的服装。而负责带他们的主管则每天穿着颜色艳丽的西装。第一天看见主管的时候，他就被他那身粉色的西装给惊呆了。相处之后，张新发现主管为人相当随和，也很风趣幽默。张新想：“看来性格和人的服装色彩有着很大的关系呢。”因为与主管同级别的另一部门的主管，平日不管是上班还是私下里，都穿着清一色的黑色服装。那位主管就很严肃，部门下属都很怕他，私下叫他“黑包公”。

用“心”说“理”

人们通过对服装的色彩与心理情感的一系列调查发现，一个人所喜好的颜色常常代表他的性格和感情色彩。著名心理学家彼得·罗福认为，从一个人对服装颜色的喜好上，很容易就能够推测出这个人的心理特征。而德国心理学家鲁未艾尔曾经首次开创了用颜色的喜好来推测人们的内心性格的方法，而且这种方法一经传开，便立即引起了全世界人们的狂热追捧。可见，色彩有着难以言说的魅力，不过它更多的是代表了一个人的心理个性和风度姿态。

当然，不同性格、职业和喜好的人选择服装的颜色也不会相同。大多数的成熟男士都会选择一些冷色调和中色调的服装，如黑色、蓝色、褐色等，这些颜色的服装让男士显得更加沉稳和端庄，能够表现出深沉的男人本色。而年轻人则喜欢一些热烈活泼的颜色，如红色、绿色等。艺术家们则喜欢一些复古的颜色，如金色、银色以及黑白等，以尽显他们的艺术才华。

黑色是很多人都喜欢的颜色，黑色的服装代表的是权威和高雅的极端主义，同时又代表了低调神秘和沉稳，当然黑色也意味着防御和冷酷。另外，黑色是正统的颜色，在公开场合十分适合，喜欢穿黑色服装的人大多沉稳自信，而且做事果断干脆，个性鲜明。还有一种人不善于言谈，经常沉默寡言，内心郁郁寡欢，这类人也喜欢黑色，他们会用黑色来掩饰自己内心的恐惧和阴霾。

灰色属于非常大胆的一种中间色，选择灰色服装的人一般内心是沉稳、诚恳的，而且这样的人是典型的完美主义者。因为灰色的服装一定是与比较睿智和沉稳的人相配，只有这样才能穿出其成功和沉稳的质感，如果没有选对的话，则只能让整个人更加黯淡无光，甚至有些邋遢。另外，这样的颜色特点决定了选择它的人内心追求完美，他们要做一件事情就一定会做好，否则宁可不做。

白色是所有颜色中最纯洁的一种颜色，经常穿白色服装的人内心多半是神圣与善良的，而且往往是完美主义者。但是这种人内心有时候又非常冷漠，给人一种疏离的梦幻感觉，这表明这个人的内心往往很空虚，希望得到别人的关怀。因此，穿白色服装的人是典型的双重性格，其心里既充满了爱，又渴望得到爱，因此不容易得到真实的内心情感。

蓝色服装是很多人都非常喜欢的一种服装，选择这类服装的人内心有某种坚韧的特点，充满了毅力和韧性。虽然蓝色是冷色调，但是却给人一种充满希望和永恒的感觉，心理学上一般将这种颜色称为智者的象征颜色。有理想、有目标是这种人心里的力量，而且他们内心极其阳光和健康，蓝色带给人们的感觉永远是永不言弃的博大精神和情怀。因此，很多足球运动员教练经常在训练运动员的时候穿着蓝色的运动服装，这样一来，可以给自己一个好心情。更重要的是，要让那些整日沉浸在运动劳累中的运动员拥有一种积极向上且永不言弃的精神状态。

红色的服饰充满了热情与激情，喜欢穿着红色服装的人内心善良、热情并且充满自信，如果是女性还会显得十分性感和有魅力。但是有时候红色服装又会带给人们血腥和暴力的坏印象，让人产生心理压力。喜欢红色服装的人要么心态积极向上，要么内心充满了嫉妒和暴力倾向。因此在与喜欢穿着红色服装的人相处的时候要用心发现对方的特点，正确抓住对方的心理倾向。

黄色是所有颜色中明度最高的颜色，它给人一种十分明快轻松的感觉，喜欢穿着黄色服装的人内心仿佛充满了能量和生机，这样的人理性、有上进心，给人一种亲切的感觉，这样的人大都十分有创意，而且喜欢接受新鲜的事物，感情丰富，做事也比较果断自如。另外，喜欢穿黄色服装的人还具有一定的撒娇和依赖心理，他们感情细腻，希望博得他人的欢心，他们在参加聚会时选择黄色服装的目的就是为了引起他人的注意。

喜欢穿着绿色服装的人内在个性大都十分谦虚平和，心理自控能力较强，很少有欲望膨胀的时候，而且心思细腻，不容易因外界影响而产生不良情绪。温婉可亲是这类人的最大特点，他们的道德意识很强，个性鲜明，性情直率，能够与不同类型的人成为朋友。很多善良温柔的女孩大都喜欢绿色的衣服，甚至是绿色的首饰，如发卡、项链以及丝巾等，这充分说明了这种人内心的健康与温和。

紫色的服装自古就给人一种神秘和优雅的感觉，而喜欢穿着紫色服装的人内心是高雅的，而且充满神秘和艺术气息，尽显优雅浪漫的奢华气质。

这类人内心的洞察力超强，心理素质较高，虽然有时候会多愁善感或者急躁不安，但是总能够抑制住心绪。另外，喜欢穿着紫色服装的人中有很大一部分是从事艺术的优雅人士，比如跳芭蕾舞的精致女子，或者是弹钢琴的人等等。这样的人尽管内心接近完美，但是仍然存在心理上的缺点，那就是十分高傲，甚至经常处于一种自我满足的心理状态中，对别人不屑一顾，有时候难免给人留下矫揉造作的印象。

以上就是几种人们常穿的服装颜色，当然还有些人对自己整体的穿衣颜色有一些要求。比如有的人喜欢穿颜色比较浅的衣服，有的人喜欢深颜色的着装，而这也代表了不同的心理状态。喜欢浅颜色着装的人内心有时候并不像其着装颜色那样浅薄和朴素单纯，这种人内心十分坚韧，做事有计划，并且十分有心机。而习惯深颜色着装的人往往城府极深，且充满正义感，并不像表面那样冷酷，反而是一个外冷内热、心地善良、极其富有责任心的人。

从所穿鞋子分析对方心理

鞋子属于人们着装必不可缺的单品配饰，鞋子的种类很多，习惯穿不同鞋子的人，其内心的个性和特点也大不相同。而且鞋子作为一个人整体着装最底部的部分可以说是起到了举足轻重的作用。法国心理学家雅内·皮埃尔曾经说过："当你双脚决定站在那块土地上的时候，这才决定你心里的决定。"这句话突出的不只是鞋子在一个人整体着装中的重要作用，更重要的是说明了穿鞋风格是凸显一个人内心个性的最集中的表现。

"心道"秘闻

很多女人都喜欢穿靴子，这样的女人大多奔放，无拘无束。这类人敢作敢当，且个性独立，崇尚自由的生活，她们往往有强烈的表现欲望，是聚会或者人群中的佼佼者。由于她们的心理个性十分独立强势，因此内心有一定的控制欲，心理气场强大，通常能震撼人们的心。

她们希望靴子为自己鼓劲，增强自己的信心，让自己看起来更强大。特别是女人，穿着鞋跟又高又尖、靴筒又细又长的靴子，足可以和任何一个男人一比高低；而男子见到她们也会投来惊艳的目光。另外，她们很有安全意识，懂得在适当的场合和时机将自己很好地掩蔽起来。

用“心”说“理”

鞋子的种类有很多，有的人喜欢运动鞋，有的人喜欢复古皮鞋，有的人喜欢穿简洁大方的鞋子，有的人喜欢穿一些具有复杂装饰的鞋子。而对于女性来说，有的喜欢穿高跟鞋，有的喜欢舒适的平跟鞋，等等。这些都反映出了人们不同的心理个性和特征。下面让我们来看看男性在鞋子的选择上所折射出的心理特征。

习惯穿休闲鞋子的男人很注重穿衣品位，对生活的品位也不会很差。休闲鞋子既舒适，款式又多，而且给人一种无拘无束的感觉，所以选择休闲鞋子的男人是比较开放的，其内心习惯主动，有主见、有思想，并且心思细腻，充满自信，对待生活有一颗乐观的心，而且也有一定的绅士风度。

很多男人喜欢穿正式的西装外出，不管是工作还是聚会都会穿得很正式，当然他们在选择鞋子的时候，也一定会选择正式的黑色皮鞋，而且还会将皮鞋擦得锃亮。他们的内心往往比较正统，传统意识观念强，所以有些大男子主义。这使得旁人很难左右他的心理，即使是至亲也不能改变他的想法。可以说，内心固执的他们往往会在这方面栽跟头。

有些男人在出门的时候不会刻意挑选鞋子，随随便便选择一双经常穿的鞋子就可以了。只能说这样的男人对穿衣打扮没有什么品位，因为有些时候他们穿的衣服与鞋子一点都不搭配。但是他们却是十足的自由派，内心无拘无束，不在乎别人的眼光，心理上自我肯定的程度强。然而，也正是这种心理个性使其难免遇到很多麻烦，并会选择逃避。另外，心里没有思绪，感情混乱也是他们的心理特点。

有些男人会经常穿同一款式的鞋子，尤其是在购买鞋子的时候，往往会重复不断地购买同一款鞋子，这足以说明这样的男人是十分怀旧的人。

他们内心温暖，感情细腻，对已经过去的事物或者人总是会怀念和依恋，而且有时候会任性。另外，这类人的心理存在一定的软弱性，这种弱点极易暴露，有时候甚至会影响周围的人，但总体上还是明智的。

以上这些是男人在选择鞋子时所表现出来的不同的心理特征和个性表现，相对于男人来说，女人的选择往往会多很多，女人的心思也是最难捉摸的。

首先是习惯穿运动休闲鞋子的女性，她们与穿运动休闲鞋子的男人在心理上有截然不同的特点和个性。这种外表看起来洒脱自由的女性其实内心并不洒脱，她们的内心并不强大，但是却懂得保护自己。这样的人警惕心理特别强，表面上与人们打成一片，其实内心却在提防着众人，因此这样的人很难与陌生人达成和谐的关系。另外，内在心理和外在个性形成鲜明对比的她们其实内心非常脆弱，往往其心理承受能力也很差，很容易被一些强烈的事情所打垮。

有些女人习惯穿一些学生样式的鞋子，这让她们在外表上显得很年轻。造型简单、舒适、风格清新的鞋子似乎能够带给女性好运气，因此她们热衷于这种鞋子。这样的人往往比较单纯，心思细腻，却不善于表达，而且内敛谨慎，有些保守，但是内心却又存在一些强烈的冒险主义思想，因此心里矛盾纠结，却又不能脱离现实的束缚。

有些女人热衷并且追求时尚，市面上出来一些新款的鞋子马上就会去尝试，她们追随潮流，很容易成为周围的“时尚女王”。然而，这种人的心理十分保守和传统，甚至在某些方面存在自卑心理。正是这样的心理，让她们在外表上追求时尚大胆的造型，心理上十分脆弱的她们需要的往往是周围人的大胆鼓励和肯定。

另外，很多女人都喜欢踩着高跟鞋上下班或参加日常社会活动。这类人成熟沉稳，而且敢作敢当，有责任心，对自己和周围的人或事物要求比

较严格，因此她们往往是完美主义的代表。

可见，从穿鞋风格看穿一个人的心理特点是识人的一种非常有效的方式。鞋子是整个人着装打扮的沉淀，也是全身上下最关键的一个修饰，在整体的着装中显得十分重要，因此通过鞋子表现出的心理特征无疑是较为突出的。

从手表的佩戴去了解一个人的心思

在如今的商品经济时代，人们越来越接受“时间就是金钱”的理念，也明了“一寸光阴一寸金，寸金难买寸光阴”的道理，面对时间的悄悄流逝，不同的人会有不同的感觉。有的人熟视无睹，而有的人却表示深深的惋惜，然后抓紧利用每一秒钟去做一些有意义的事情。

“心道”秘闻

手表分为很多款式，不同款式的手表，既表现了手表佩戴者的一些个人爱好，同时也向外人透露出了戴表者的性格特征。

卡通表：喜欢戴卡通表的人性格多外向，喜欢幻想，做事情干脆麻利。

液晶表：喜欢戴液晶表的人性格比较单纯，充满了天真的想法，懂得精打细算。

戴闹钟表：戴这种表的人，时间观念比较强，生活中比较自律，对自己的要求也很严格，喜欢按照预先设定好的计划行事，但做事显得过于循规蹈矩，缺乏创新意识。

怀表：喜欢戴怀表的人，有很强的自制力，属于天真烂漫型，追求生活当中的各种浪漫细节。

机械表：常戴机械表的人，为人处世方面显得较为冷淡，做事情更注重过程，对于不经过努力就能得到的东西不会很珍惜。

没有刻度的表：喜欢戴这类表的人，通常比较聪明，比较理想，对于抽象化的东西有着很强的思维能力，在表达能力方面也很强。

创意手表：创意类的手表，大多造型奇特，喜欢戴这种表的人或许是为了搭配自己造型独特的服饰，这种人很在乎自己在别人心目中的形象和地位，对自己的外表也很在意，甚至有些时候为了能够吸引别人的注意，而对自己进行夸张修饰渲染。

用“心”说“理”

一个人对时间的看法，在很大程度上是由人的性格决定的；而时间对人具有什么样的影响，很多时候又通过人所戴的手表传达出来。时间靠手表这种直观形式展现给大家，而对手表的选择则又表现出一个人的性格。

1. 戴古典金表的人

绝大多数有着殷实的物质基础，有能力过上衣食无忧的幸福生活。这种人多具有发展眼光与长远打算，不会为了眼前的一些小利，而放弃那些更有发展前途的事业。他们心思缜密，通常有很好的预见能力；为人相当成熟，凡事看得明白透彻；有宽容力与忍耐力，又很讲义气；能够与家人朋友同甘共苦，生死与共。他们拥有坚强的意志力，从来不会轻易向外界的一些困难与压力低头。

2. 喜欢戴上发条的表的人

这种人往往独立意识比较强，通常自给自足，而且事必躬亲，不喜欢别人的插入。他们乐于做那些可以立竿见影的工作，但是他们不希望一切都是轻而易举就获得的。否则，就没有了意义和价值。他们并不希望得到他人过多的关心、照顾和宠爱。

3. 喜欢戴电子表的人

这类人中的绝大多数有些与众不同的地方。这种人总是特立独行，很不希望受到他人的约束与控制；喜欢自由自在、无拘无束地去做自己想做并且也乐意去做的事情。他们善于掩饰自己的真实情感，因此很难有人能够轻易走近并了解他们。别人很难走进他们的内心世界，更不能窥探到他们内心真实的喜怒哀乐，当然也就不乐意主动地接近他们。

4. 喜欢液晶显示型手表的人

这类人大多数在生活中较为节俭，知道精打细算。而且这种人的思维很单纯，对简捷方便的各种事物较为热衷；而对于太抽象的概念则很难理解。他们在为人处世各方面大多保持比较谨慎的态度，不会显得随随便便。

5. 喜欢怀表的人

这类人中的大多数会对时间有很好的把控能力。虽然这种人每天的生活都是忙碌的，但是，他们却并不是时间的奴隶。他们总是善于控制与把握自己，适应能力很强，能够很好地调整自己的心态，懂得怎样在有限的时间里放松自己并寻找快乐。他们大多有很强的怀旧心理，乐于收集一些过去的东西。他们言谈举止高雅，表现出一定的文化修养，而且有较为浓厚的浪漫思想，常会制造一些出人意料的惊喜。他们为人处世有耐心，很看重友情。

从所戴戒指看对方心理

戒指是人们手上最常见的一种饰品，我们也可以从一个人戴戒指的位置发现一些他们不愿被人知道的秘密。因为人的双手与大脑之间的神经关联要比人体的其他部位多，除了手的形状、特质外，还与佩戴在手上的饰物有着密切的关系，比如戒指，把它戴在不同的位置则代表人的不同个性特征。

“心道”秘闻

挑选的戒指类型，能体现一个人的内心世界，你会挑选下列哪一种戒指？

A. 奢华引人注目的大戒指

B. 精巧细致的可爱戒指

C. 高价的名贵戒指

D. 小型的钻石戒指

测试结果：

选大戒指的人，是以自我为中心，唯我独尊型的人。选精巧戒指的人，富有体贴之心，处处替别人想。选名贵戒指的人，事到最后关头，一定会舍友情而取爱情。选小钻戒的人，诚实明理，本身不想伤害亲友，但容易为爱情所困，易陷情网。

用“心”说“理”

戒指的佩戴有一定的讲究。一般来说，人们不习惯把戒指戴在大拇指上。戒指戴在食指上表示他正处于求婚阶段；戒指戴在中指上表示他正处在热恋中；戒指戴在无名指上表示他已经有自己的家庭了；戒指戴在小指上表示他还是一位单身贵族。

1. 戒指戴在右手大拇指上

如果有人把戒指戴在右手的大拇指上，说明这个人性格开朗，自信十足，心胸豁达，而且生活态度积极乐观，具有很强的心理素质，对于生活中的挫折和困难都能勇敢地面对，从不会退缩。

这类人的好胜心和自尊心都很强，有些骄傲，自以为是，自我感觉良好，一般不会听取别人的意见，只相信自己的判断。

2. 戒指戴在右手食指上

如果有人把戒指戴在右手的食指上，说明这个人性格偏内向，意志坚定，心思缜密，善于思考，做事之前必会有所谋划，这种滴水不漏的个性往往能够让他在竞争中取胜。

这类人事业心很重，也很现实，做事的目的性很强，常会为了达到目的不惜一切代价，重于心计和手段。而且，他们的自我意识强烈，不太在乎别人的看法和批评，也从不听取他人的建议。

3. 戒指戴在右手中指上

如果有人把戒指戴在右手的中指上，说明这个人性格外向，热情好动，心胸开阔，想象力非常丰富，是一个坚定的理想主义者。

这类人有很强的上进心，善于思考，对事物有独特的见解，而且做事认真负责，积极进取，责任心很强。只要是他认定的事情，即使与自身利益毫无关系，他也会竭尽所能地把它做好。

4. 戒指戴在右手无名指上

如果有人把戒指戴在右手的无名指上，说明这个人性格外向，积极乐观，热情好动，开朗直爽。但是，这类人缺乏对自己的正确认识，个性不强，不知道自己想要什么，人生目标不够明确。

这类人判断力较差，做事没有规划，想到哪里做到哪里，显得杂乱无章，所以他们做事情的时候常会有无从着手的感觉，而且还总是把自己弄得异常忙碌，但往往到最后并没有任何成果。

5. 戒指戴在右手小拇指上

如果有人把戒指戴在右手的小拇指上，说明这个人性格外向，热情随和，心地善良，感情也很丰富，对别人充满友情和爱心，喜欢帮助他人。

这类人心思缜密，善于思考，逻辑思维比较强。他们的个性不太积极，对于社会交际也不太热衷，很少会主动与人搭讪，而且他们不会明确反对别人的观点，即使有自己的想法也不会提出来，从不会与人发生争执，所以他们在身边小圈子里人缘还不错。

6. 戒指戴在左手大拇指上

如果有人把戒指戴在左手的大拇指上，说明这个人性格外向，心胸宽广，注重实际，其交际能力和领导才能都很强，具有一定的领袖魅力。

这类人的感情观念很弱，一般很少付出真情实感，他们注重礼仪，善恶观念不强，但是他们在遇到一些需要帮助的人的时候，还是会义不容辞的。

7. 戒指戴在左手食指上

如果有人把戒指戴在左手的食指上，说明这个人的个性适中，注重生活品质，对自己的外在形象也很重视，他会关注当下最时尚和最流行的东西，但绝对不会盲目地追求和效仿。对于那些落后被淘汰的东西，则会毫不顾忌地舍弃，哪怕那些东西很名贵。

这类人很有主见，观察力很独特，决断力和判断力都很强，他们工作认真，做事积极，为人谦逊，对自己感兴趣的东西会不惜代价地去追求，而且绝不会半途而废。

8. 戒指戴在左手中指上

如果有人把戒指戴在左手的中指上，说明这个人性格沉稳，自尊心很强，而且心地善良，感情丰富，对朋友真诚热情，对家人呵护备至。

这类人很注重自己的外在形象，为人温和友善，谦虚谨慎，态度亲和，彬彬有礼，所以他们深受别人的尊重和爱戴，有很高的声誉。

9. 戒指戴在左手无名指上

如果有人把戒指戴在左手的无名指上，说明这个人性格沉稳，为人温和，待人宽厚，很注重感情，对朋友和亲人都很重视，而且这类人的毅力和耐力很强，做事有始有终，不会轻易放弃。

10. 戒指戴在左手小拇指上

如果有人把戒指戴在左手的小拇指上，说明这个人性格外向，积极乐观，表现欲望很强烈，而且这类人极具冒险精神，喜欢挑战，追求刺激，对自己很有信心，常会有与众不同的表现。

这类人博学多才，见解独特，善于思考，很有上进心，做事认真负责，有较强的耐力和韧性。

从提包款式识别主人内心

提包在人们的工作、生活和学习中是非常重要的一件物品，它几乎与人形影不离，人走到哪里，它们也会随之被带到哪里，而且很多人选择某一个包都会用来搭配多种衣服。因此，从提包款式上可以读懂一个人的内心。

“心道”秘闻

英国心理学家发现，女性之所以愿意随身携带手提包，是因为各色手提包给她们带来了足够的自信。包能给女性安全感。包就像贴身伴侣，随身带着它，心里才有一份可依赖的踏实感；包就像闺中密友或父母，最知根知底。女性对包的热爱正体现了马斯洛的需求层次理论——安全感是生理需要之上的人的本能需要。当女人们从家里走进外面广阔世界的时候，正是包在潜意识上给了她们某种情感依托。在某些场合，提包还可以帮助她们缓解内心的紧张和不安。

用“心”说“理”

正是因为提包具有如此重要的作用，所以它们在一定程度上可以向外界表达一定的信息，我们可以通过提包来认识提包的主人。要想从提包上准确判断对方，需要掌握下面一些知识：

1. 喜欢休闲式提包的人

喜欢休闲式提包的人所从事的工作往往具有很大的伸缩性，并且也有非常大的自由活动空间。另外，据观察，这种类型的人一般都懂得享受生活。他们往往能做到随遇而安，对自己和他人都不会有苛刻的要求。但这并不代表他们没有上进心，相反，这代表的是他们积极乐观的生活态度。他们有着切合实际的奋斗目标，对任何事情都安排得井井有条，工作与休闲并重，什么都不耽误。

2. 喜欢公文包的人

如果你身边有喜欢提公文包的人，想必他的工作是非常正式的。要么是某个企事业单位的总经理，要么是某个正规单位的普通职员。公文包代表了他的工作需要，但也能从侧面反映一个人的处事风格。这种类型的人一般做事谨慎，对自己和他人要求苛刻。但相比之下，对自己的要求更高。

3. 喜欢方形提包的人

在时尚界，很多人都会提有小把手的方形或长方形的手提包，其实它不能当作正常的包来使用，只是一种装饰品。喜欢这种提包的人，无论在生活中还是在工作中，往往是顺风顺水，没有经历什么大风大浪。

4. 喜欢肩带式手提包的人

那些有着独立性格的人往往喜欢中型肩带式手提包。他们虽然能够在很多事情上做到独立，但在言谈举止方面却是非常保守的。他们有一定的自由空间，生活相对安逸。

5. 喜欢小巧精致的手提包的人

在现实生活中，我们发现小女孩们喜欢非常小巧精致，却不实用、装不了什么东西的手提包，但有时候也能发现上了年纪的妇女使用。这体现了她们积极乐观的生活态度，在憧憬着美好的未来。

6. 喜欢有浓郁的民族风味手提包的人

比较喜欢具有浓郁的民族风味、地方特色的手提包的人，自主意识比较强，是个人主义者。他们个性突出，往往有着与别人截然不同的衣着打扮、思维方式等等，有些时候表现得与他人格格不入，所以对于营造良好的人际关系存在着一定的影响。

7. 喜欢带有金属制品手提包的人

喜欢带有金属制品手提包的人，多是比较敏感的，能够很快跟上时代的脚步，他们对新鲜事物的接受能力是很强的。但是这一类型的人在很多时候并不肯轻易地付出，而总是希望别人能够付出。

8. 喜欢中性色系手提包的人

喜欢中性色系手提包的人，其表现欲望并不是很强烈，他们不希望被人注意，目的是缓减压力。在对待别人方面，也喜欢保持相对中立的立场。

9. 不习惯于带手提包的人

然而，也有很多不喜欢带手提包的人。这类人的性格不能泛泛而论，应当区别说明。不带手提包的无非有两种人，一种是比较懒惰的人，认为拿包是一种负担；另一种则是认为手提包会给自己的很多事情带来不便，这类人有着较强的自主意识。然而两者的相同之处就是都认为提包是一种负担，但同时也会让人感觉有不负责任之嫌。

我们在与他人打交道的过程中，如果能从他的包入手，通过观察和分析了解到他的爱好和品性，就可以迅速找到一些恰当的话题与其攀谈，在一种比较愉悦的氛围中抓住他们的心，从而顺利拉近关系。

心理测试：手提包颜色测你的性格

你的皮包是什么颜色呢？请你仔细回忆，然后选择下列答案中的一项。

A．白色，或多数时候为浅颜色的皮包

B．咖啡色的皮包

C．黑色，或暗灰等深色系皮包

D．红色或绿色等颜色鲜艳，引人注目的皮包

心理透析：

选 A：白色和浅色代表中性和理性的选择，这是女性最明显的成熟标志，如果你的皮包大多数情况下都是这个颜色，那就先恭喜你啦！

选 B：你的成熟在于方方面面，对爱情而言，如果与你不相“匹配”的男人，你将不予考虑。

选 C：你是个较为挑剔的女人。

选 D：你是个自信而又与众不同的女人，同时也是个不易被征服的女人。

第八章

行为察人：行为习惯藏心理玄机

一个人的习惯，平日里的一举一动，直接、间接地表现了其性格与运势。在生活中如何通过行为习惯去辨人，是一门很大的学问。本章就介绍一些从习惯上鉴别人心的方法与技巧。

看坐姿，就能知道他是什么人

坐姿对于交往非常重要，因为人们的交往大多是坐着进行的。优雅的坐姿不仅能体现出体态美，而且能够表现出个人的品质修养。坐相不端则会给人没教养、不文明的感觉，让人对他敬而远之。无论入座、端坐还是起坐，都要注意姿态美。

“心道”秘闻

张玮代表公司和友公司进行合作项目的研讨，会上张玮提出了自己的意见，并且不停地抖动自己的双腿，友公司也提出他们的意见，并且要求张玮进行修改。但是张玮坚持己见，并且试图说服友公司接受自己的方案，最后无果而终。事后领导认为张玮固执己见，并且不尊重友公司，对他提出了严厉的批评。

有些人对坐姿没有特别的讲究，殊不知，坐姿正在泄露你内心的想法。

用“心”说“理”

就入座而言，动作要轻而缓，不要猛地坐下，不然会使椅子或沙发发出刺耳的响声，或沙发的弹簧反弹使人坐不稳，这样非常不雅。

就端坐而言，要保持上身的直挺，不要含胸驼背，耷拉着肩膀，这会给人一种毫无生气的感觉。不管坐在沙发上还是椅子上，最好只坐一半，不要坐满，上身要保持端正，这样才会显得精神，但是也不要过于死板，给人一种不自然的感觉。年轻或身份低的人采取这种姿势，能使对方感觉到被尊敬。用这种姿势坐的时间过长时，可以在椅子背或沙发上靠一会儿，但不要半躺半坐，把脚直伸，更不能歪歪斜斜地靠在椅子背或沙发上，这样会给人一种放肆、没有教养的感觉。

坐的时候，手一定要自然，可以将手平放在座椅两侧的扶手上，也可以轻放在腿上或者相握于膝下。交谈的时候，手托着下巴，双眼凝视对方，可以给人一种专注的感觉。但是如果长时间保持这个姿势，甚至将头搁在手上，就会给人一种心不在焉的感觉了。

另外，两腿的摆法也会影响到坐姿：将其中一条腿放在另一条腿上，且上下摆动；两腿笔直前伸，两膝大开，这些都显得不雅。相反，如果将两腿并列，两腿前后自然分开或自然弯曲并拢，这样就显得文雅得多。有的男生喜欢跷二郎腿，虽然可以，但不宜跷得太高，尤其是在长者面前不要不时地抖动。

就起坐而言，要轻而缓，不要猛的一下起来，这样显得鲁莽且没有礼貌；起坐前要与主人打招呼，表示出告辞的意思。

一个人的坐姿，既能反映他平时的性格特征，还能反映出他此时此刻的心理。因此，在交往中要想知道一个人的心理，看他的坐姿是一个捷径。

1. 骑在椅子上

这个姿势是一种挑衅斗殴的自卫立场，或对对方抱有敌意。对此，你可以直接站到他面前，或坐到他的背后，使他不得不改变自己的坐姿。

如果对方在椅子上坐不住，你可以送上一杯咖啡，或给他一本杂志，这样他就能够靠在椅背上坐好了。

2. 手脚伸开懒洋洋地坐在椅子上

这个姿势表明此人非常有自信，有些看不起自己的谈话对象。如果你不能容忍对方以这样的态度和你说话，你也可以采取方法迫使对方改变坐姿，对方的心理导向自然也会改变。你可以选远一些的座位坐下，让他够不着你。当然，你还可以不断地拿出东西给他看，让他不得不改变自己的坐姿。

3. 趴在桌子上

如果一个人坐着趴在桌子上，说明这个人对谈话很感兴趣，也表现出了其洒脱、不拘小节的个性。这个时候你可以站起来，在屋子里边走边同他谈话，这样他就不得不改变姿势，而且随着你转动身子。

4. 习惯坐在椅子边上

这个姿势说明这个人不自信，还有一些胆怯，有随时站起来“打断”谈话的准备。

5. 正襟危坐、目不斜视

保持这种姿势的人，或许此时内心有什么不安，或许对你恭敬并力图给你留下一个好的印象。

6. 轻轻地坐下去的人

这样入座的人此时的心情比较平和，你可以和他自由交谈。

7. 重重地坐下去的人

这样入座的人此时的心情比较烦躁，不要和他谈什么要紧的事情，因为这时和他谈要紧的事情不会得到你满意的答案。

8. 猛然坐下去的人

这样的人内心或许隐藏着一些不安，或许有心事不愿告诉别人。

9. 跷起二郎腿的女性

这样的女性或是想引起对方的注意，或是对自己的容貌非常有信心。

10. 有意识地挪动身体的人

这样的人想在心理上和对方保持一定的距离。

11. 喜欢与别人并排坐着的人

这是因为他觉得与对方有共同感受。

12. 喜欢与别人对着坐的人

这样的人希望被对方理解。

13. 双腿不断相互碰撞或双脚不断地拍打地板的人

这样的人一定有什么事情让他紧张和焦躁。

14. 有意识从并排改为对着坐的人

这样的人或是对对方有了新的兴趣，或是对对方抱有好感。

15. 把身体尽力蜷缩，双手夹在大腿中间的人

这是由于他心理上有处于劣势的感觉。

16. 斜成一个半躺姿势或深深坐入椅子内，腰板挺直，头高昂的人

这是因为他在心理上有优越感，这样的人往往想在气势上压倒对方。

行为背后的秘密：站姿识人

每个人不同的站姿对其精神和心态都有集中的体现。曾有位美国心理学家拍摄了大量影像资料，经过反复研究分析，证明通过观察人们不同的简单站立动作，能捕捉到丰富的信息符号。

“心道”秘闻

营销人员小韩上门到李先生家里介绍产品，并成功地说服了李先生。但是，当谈到具体的送货事宜时，小韩却没注意自己的姿态，歪歪斜斜地站在那里，一只脚不停地点地，好像在打拍子一样。

李先生觉得小韩的行为表示出不耐烦和催促，于是就用“下次再说吧”这句话把小韩打发走了，最终订单没谈成。小韩因为不雅的站姿导致交易最终失败。

用“心”说“理”

人们走路的姿势是变化多端、千姿百态的，比如有闲庭自得的信步、大摇大摆的阔步、无精打采的漫步、消磨时间的散步、风驰电掣的急步、节奏均匀的慢跑、老态龙钟的蹒跚、偷偷摸摸的前行、犹豫不决的徘徊、姿态优雅的滑行、摇摇摆摆的跛行、心焦气躁的疾走、兴高采烈的蹦跳、急促小奔的碎步、夸张行进的正步、故作姿态的扭摆等。这些不同的步态，我们在日常生活中都会遇到。

一般来说，每个人都有自己独特的走路姿势，比较熟悉的人能够从很远的地方通过步态将他认出。虽然人的身体结构决定了走路的一些特征，但是由于情绪的变化，人的步伐、跨步的大小和姿势也会有所变化。假如一个人很高兴，他会走得比较轻快；如果不开心，他的双肩会下垂、脑袋耷拉着，脚步就像灌了铅一样沉重。一般来说，习惯将双手半插在口袋中，即使天气热的时候也不例外的人，颇具神秘感且喜欢挑战；走路快且双臂自然摆动的人，往往有坚定的目标而且准备积极地追求。

一个人在沮丧的时候，往往将双手插在口袋中，拖着步子走路，很少抬头注意到自己在朝哪里走。

走起路来双手叉腰像个短跑者的人，往往想在最短的时间内实现自己的目标，他突然爆发出来的灵感，常常是在看似沉寂的一段时间内产生的。

一个自满甚至傲慢的人在走路的时候，腿是僵直的，步伐缓慢而沉重，下巴通常会抬起，手臂夸张地摇摆，好像是要故意引起别人的注意似的。

适当的步态能够将一个人积极向上、朝气蓬勃的精神状态表现出来，给人以美的享受。

男子走路要迅捷、稳健，女子走路要轻盈、婀娜，但不要过于做作，以自然轻快为好。

著名的心理学家简·布鲁西博士通过观察发现，人的行动和性格有很大的关系，从一个人走路的姿势、说话的方式、笑的样子，甚至一个下意识的小动作，都能够推断出他的心理状态和内心活动。这也就是说，人们可以从对方走路的姿势中看出对方的特点。例如健步如飞的人充满了活力，而沉着冷静的人在走路的时候则步伐稳健。

有的人走路大摇大摆，这种人虽然有自信的气势，但却充满了自夸与自满。

左右摆动着走路的人，给人一种友善的感觉，让人觉得他没有胁迫感。

有的人走路高视阔步，表现出较强的自尊心，想给人留下深刻的印象。

迈开大步走路的人，让人觉得冷酷且具有权势。一般来说，地位高的男性走路的时候喜欢跨出很大的步伐。

偷偷摸摸走路的人，是源于自卑的心理或心里充满了恐惧，他们不想引起别人的注意。

急走而且经常变换方向，这是许多焦急的女性的步态。如果是一个男子以这样的步态行走，则显示此人个性比较阴柔，而且喜欢吹毛求疵。

疾行，这是一种快速而脚步沉重的行走方式，有点儿像行军，但没有那么正式，给人的感觉是能控制心里的焦急，不焦不躁。

有的人走路看起来慌慌张张，虽然脚步轻而快，但是经常变换方向。这类人大多精力充沛、精明能干，是典型的行动主义者，对生活中出现的困难敢于面对。这样的人一般不会顾忌别人的警告，常常我行我素，是不容易对付的。这类人的工作效率非常高，从不拖泥带水，如果你让他完成某项工作，他一定在最短的时间里保质保量完成。这类人还有一个优点就是敢于承担责任，因此，他们往往有很多朋友，对于朋友的委托，他们不会拒绝。对于这类人来说，他们一般比较忙碌，没有什么闲情雅致，甚至连散步对于他们来说都是奢侈的。

有的人走路就像慢跑，这是一种缓慢且控制速度的跑步方式，慢性子、年事已高或健康状况欠佳的人常采取这种走路的姿势。

有的人走路非常缓慢，无论如何急，他都不在乎，是典型的慢性子。他们做什么事情都“三思而后行”，不急不躁，绝不好高骛远。他们基本上都是依靠自己的务实精神获得提升的机会，基本没有什么后台。

有的人表面看起来五大三粗、很鲁莽，但走起路来却是小心翼翼的，这样的人“外粗内细”，很有章法。

从走路的姿势能够观察出一个人的情绪与性格，这是一个看似简单却又深奥的识人法，如果能够熟练掌握这一方法，将会对你的人生与事业有很大的帮助。

通过手势看透他的所思所想

人类的手是最独特的。人类的手既可以拿工具，也可以写字、画画；既可以制作工艺品、做出美味佳肴，也可以打手势、讲故事或是表达反映我们内心深处的想法。现代科学研究证实，手可以感受到来自内心的0.00002毫米的振动，人的心理变化会迅速地反映在自己的手上。所以，手是人内心震颤的传感器，手势往往能反映一个人的所思所想。

“心道”秘闻

一天下午的4:30，某光学仪器制造公司的销售人员吴宇杰去机场接一位来自外地的客户周昊。到机场后，吴宇杰看见身材高大、仪表堂堂、气宇轩昂的周昊，右手提着公文包，左手腕上搭着西装，身旁立着一个小小的旅行箱，正站在大厅等候他。

当他们辨认出对方，彼此微笑、寒暄后，周昊立刻将公文包放在身边的地上，优雅地穿上西装。当周昊穿上西装，提起公文包时，吴宇杰一手拉着周昊的旅行箱，一手拍拍周昊的肩说：“走吧，我已经为你订好了房间。”

周昊一边微笑着说“谢谢，”一边下意识地低头看自己的衣服，用保养得很好的左手优雅地拉拉领带，接着在西装的第一粒扣子处将左边的衣襟向右边拉了拉。检查完自己的仪表后，他才抬起头，跟着吴宇杰向机场出口走去。

在这个案例中，我们通过客户周昊的手势分析出如下内容：首先，周昊是一名训练有素的商务人士。右手提着公文包，左手腕上搭着西装，动作非常优雅，连拉领带和拉衣襟的姿势都很优雅。其次，周昊是一个善于用气势来先声夺人的高手。他非常善于用优雅的仪表和服饰来彰显自己的实力。最后，总体来说，见面的手部细节传达出周昊意在与销售人员吴宇杰保持一种恰当的商务合作关系。

此时，吴宇杰应该寻找一个突破点，软化客户的强硬守势。寻找客户个人的需求点就是一个不错的策略。这里的客户个人需求是指与客户采购目标保持一致的个人需求，比如完成这次采购，就展示了自己的实力，为自己赢得了一次升迁的机会。

用“心”说“理”

下面就让我们来看看各种不同手势中所暗藏的心理玄机。

1. 手掌摊开是在传达诚意

手掌摊开、手心示人通常表示服从和妥协，可以说这是一种表达善意的手势。这个动作首先让我们联想到乞丐乞讨时表达哀求的惯用动作。而从历史上看，这个动作也表示用来告知对方：我的手中并没有武器，我是友好的。

在通常情况下，手掌摊开象征着坦率、真挚和诚恳。例如，在发誓的时候，人们常常将手掌张开放在自己的胸前，以表示自己的真诚；在法庭上，辩护人为了表现自己的诚恳，常常张开双手，以赢得法官的信任；等等。

判断一个人是不是诚实，比较有效的方法是观察他讲话时的手掌活动。在讲话的时候，如果说的是真话，他就会不由自主地伸出张开的双手。

2. 手掌向下可以体现权威性

这种敬礼方式代表一种权威性。以夫妻牵手为例，通常男性会稍稍走在女方的前面，而他的手也就自然而然地压在了跟在他后方的妻子的手上方，其手掌向下。他的妻子由于位置稍稍靠后，其手心也就会很自然地向前迎合丈夫朝后展开的手掌。这个小小的细节足以体现男性在这个家庭中拥有主导权力，也暗含了他的强者姿态。

3. 十指交叉表示很沮丧

有一部分人在谈话时，常常会将双手在胸前无意识地交叉在一起。最常见的姿势是把交叉着十指的双手放在胸前，面带微笑地看着对方。也有的人交叉着的十指平放在桌面或膝盖上，这种动作常见于发言人。出现这个动作时，表明发言正处于心平气和或是娓娓叙谈的时候。

乍一看，采用十指交叉的动作似乎表明人很自信，但有时并非如此。有人研究后得出结论：这是一种表示沮丧心情的手势，表明使用这个手势的人正在极力掩饰其消极态度。

一般来说，这种姿势常常被一些女性使用。当一位女性摆出这种姿势的时候，如果能够了解其中所代表的意思，就可以适时而动，接近她。下面就是女性十指交叉的不同方法所代表的不同含义：喜欢十指交叉的女性可能是在谈恋爱的时候曾经受过伤害，其内心对其他人有一种防备心理，不希望自己再一次受到伤害，可以说是一种很明显的本能防卫；如果一名女性用双肘支撑着交叉双手，或者把下巴放在十指交叉的双手上面，那就表明她是一个非常自信的女性，或者说她对自己的某些方面相当自信。

一般来说，做出十指交叉手势时，手的位置高低可能与消极情绪的强弱有关。有的人将十指交叉放在膝上，也有的人站立时将十指交叉放在腹前。按交往的经验而言，高位十指交叉比中位十指交叉更显得高深莫测。正像所有表示消极情绪的姿势一样，要想让使用这个姿势的人打开紧紧交叉的十指，就需要通过某种努力来完成。否则，对方的不安和消极就无法改变。

4. 双手的“塔尖”表示自信

虹梅好久没有见大学时候的同学艳丽了，毕业后一晃就过了6年，大家都有了自己的事业和家庭，都按照自己的生活轨迹生活着。这次，艳丽从上海来北京出差，虹梅欣喜若狂，因为终于可以见一下多年未见的同窗好友了。两人选好时间在一个咖啡屋见面，一见面她们就开始叙旧情、说现在、展未来。艳丽可以说是一个成功的女强人，在上海一个公司做销售总监，成功人士就是成功人士，处处透露出自信，她总是双手指尖接合着。

上面这个动作确实显示了一个人的自信与自我，这样的身体语言是将手指一对一地在指尖处接合起来，但两个手掌并没有接触，外表看去就像教堂的尖塔一样。自此，你可以判定他们对各种事情都充满信心。而这种手势有时也含有自以为是、道貌岸然、自我吹嘘或本位主义等意思，通常给人的第一印象就是他对于自己所说的一切都有绝对的把握。

在身体语言中，对一个姿势的理解是需要结合其他姿势群以及周围环境的，但这个姿势是个例外。专家研究表明，这是一个孤立的姿势，常被用于上下级之间表示自信与全知全能。这种手势有向上和向下两个位置。在发号施令、发表意见和观点时，手指向上成耸立的尖塔；在聆听别人的意见时，手指则向下成倒置的尖塔。

一般来说，自信的人与人交谈时很爱摆出这种手势，它明确显示出一个人对自己所说的话很有把握。像会计师、律师、经理或类似这些职业的高阶层人士与人谈话时，常常做出双手指尖接合在一起的姿势，表明他对自己所说的话绝对自信的态度。研究资料显示，商业主管人员越觉得自己重要，手就放得越高。

更夸张的是，有些人把双手置于与双眼平行的位置，看对方时就透过指掌间的细缝猛瞄。你可以看出这类人以这种手势表示他的权势，那意思好像是在说："嘿！小子！别打歪主意，你有什么鬼点子都瞒不了我，趁早死心吧！"

握手动作中的潜在信息

握手是最常见的一种形体语言，它已经发展成为交际的一个部分。

远古时期的人们相见时常先把手臂举起、手掌摊开，再使对方的手掌与自己的手掌相握。这主要是为了表示自己没有携带武器，不会给对方造成威胁和伤害。这种古时的遗风经过长期的演变发展，逐渐被润饰，就形成了现在这种握手礼仪形式了。

"心道"秘闻

小赵这段时间一直在做一个企划案，这一天他终于有机会见到公司负责此项目的部长。见面以后，部长一边笑着说："我已经看过你的企划书了，有很多真知灼见。"一边伸手要和小赵握手，小赵赶忙伸出右手，结果部长用双手用力地握住了小赵的手，小赵有一种惶恐感。

科学家的研究结果表明：身体的接触行为可以增强人与人之间的亲近感，即使是对于初次见面的人，也有同样的效果。

有时候人们为了强化这种效果而伸出双手与人握手，这样的人大多非常热情，前面例子中的部长，多半是一个热血男子汉，属于善于激励下属的上司。

他对小赵的工作表示赞赏，于是就会不自觉地伸出双手和小赵热情地握手。

用"心"说"理"

然而，握手也是很有学问的。握手的力量、姿势与时间的长短往往能够表达出握手者对对方的不同礼遇与态度，显露出自己的个性，给人留下不同的印象。美国著名盲人作家海伦·凯勒写道："我接触的手，虽然无言，却极有表现力，有的人握手能拒人千里，我握着他们冷冰冰的手指尖，就像和凛冽的北风握手一样；也有些人的手充满阳光，他们握住你的手，使你感到温暖。"从这个意义上说，握手不仅仅是一种礼貌行为，而且还是传达人际信息的重要方式，因此观察握手也是"察人"的重要途径。

1. 手心向下握手的人很霸道

在握手的时候，如果对方手心向下，说明这类人有支配人的欲望，这仿佛在说："你好好听我的，我是你的领导。"有研究表明，一些高级的政府官员、地位显赫而权势过大的人，他们一般是不与人握手的，不得已的时候，就会将掌心向下与人握手，以显示出他们的支配地位。

2. 握手摆动幅度大的人虚伪

这类人握手时比较有力，而且持续的时间较长，表明自己对对方的感情很深，或者是对对方有某种需求。好友重逢、年轻的朋友再相会，往往会出现这样的场面：他们互相抓住对方的手，用力上下摇动，似乎只有这样才能表达自己的内心情感。此时此刻，他们的心贴得更近了。这种热烈的场面也常常出现在政客身上。政客握手往往也很夸张，表现出一种“亲密”和“真诚”。由于这样的动作超乎寻常，所以很容易让人感到虚伪和不真实。本来是平平常常的关系，却突然出现这种夸张的举动，那么这人一定是另有他求了。

3. 只伸出手指握手的人自卑

有些人与人握手的时候，只伸出四个手指，好像很不愿意的样子。这种握手方式传递出的信息是不希望与对方握手，其原因或是害羞，或是自信心不足，或是不尊重对方，等等。女士与男士握手出现这样的情况，可能是因为害羞或客套；男士与男士握手出现这样的情况，可能是自信心不足或蔑视对方。这些情况都会给对方造成不良的影响，对方可能会把这种握手方式当成一种侮辱的举动。

4. 握手像老虎钳般的人侵略性太强

经过研究发现，一个人与人握手时所采用的方式最能反映出他的个性。如果一个人紧抓住对方的手掌，大力挤捏，就像老虎钳似的夹住对方的手，令对方痛楚难忍，这是粗犷型的人惯用的握手方式。这类人一般精力充沛、自信心强，为人则偏于专断横行、固执独裁，但具有极强的组织能力和领导才干。

对付主宰型握手方式，你会很难施力迫使他的手掌退回成顺从的状态，况且这样做太明显了。瓦解主宰型握手有个简单的方法，不但能使你重新取得控制权，还可以进入对方的个人领域而激怒他。这项技巧是，走上前握手时左脚先向前，接着右脚向前移动到对方的左前方，进入他的个人领域，然后左脚跨拢到右脚，完成这项男性魄力的展现，最后再握手。这个战术能稳住你的握手动作，也有机会把对方的手势变成顺从位置，又因为侵入到对方的个人领域而赢得了控制权。

观察你自己趋前握手的行为，注意在伸出手臂握手时，是左脚先踏出还是右脚先踏出。大部分的人是右脚，所以一旦遇到使用主宰型握手方式的人就很不利，因为没有可移动的空间。请你趋前握手时练习左脚先踏出，你会发现很轻易就能把主宰型握手方的权力化解掉并且取得控制权。

5. 握手像死鱼般的人性格懦弱

握手本身是一种表示亲热和友好的礼节，然而，有的人手握起来软绵绵的，毫无生气，也就是我们平时所说的“死鱼”式握手。这种握手方式普遍不受人欢迎，尤其是当握住的那只手冰冰凉而且黏糊糊的时候，感觉就更糟糕了。

一般来说，这种握手方式给人的感觉是让别人来握自己的手不是出于自愿的，用不着回敬，使你感到握手人无情无意，自己受到冷落，并会使你觉得握手人性情软弱。因为无论握手的另一方是谁，他都可以轻易地将此人的手掌翻转过来。于是，在另一方看来，使用这种方式握手的人缺乏责任感，不愿承担此次两人见面所产生的责任和义务。但有些医生、音乐家、画家、雕塑家，出于其职业的习惯，他们非常注意保护自己的双手，一般不主动把手伸给他人，即使是握手，也非常小心翼翼，这自然另当别论。除此之外，我们还必须了解到，全世界每20个人中，便有一个人会受到手汗症的困扰。这是一种由于遗传基因导致汗腺分泌异常旺盛的病症。对于这些人来说，最明智的做法就是随身携带面巾纸或是手绢，从而能在每次握手前将手心里的汗擦干净，避免因为握手而给对方留下不好的印象。

事实证明，死鱼般的柔弱无力感，使这种握手方式普遍不受人欢迎，因此，还不如不握。遗憾的是，许多用“死鱼”式和人握手的人从来意识不到这种握手方式的消极性。如果你经常伸出这样一只手与人相握，并想改变这种方式的话，那么，下次握手时可以有意识地让对方评论一下你的握手姿势是否正确。这样，既可以学会正确的握手姿势，也可以消除对方因同你握手而产生的消极感受。

睡觉习惯中的“心理”学问

人们睡觉的姿势多种多样，比如，有人喜欢抱着毛绒玩具睡觉，有人喜欢枕着别人的手臂睡，还有的人习惯靠床边睡，等等。事实上，这些看似无关紧要的动作和习惯显露出了这个人的内心世界。

“心道”秘闻

有些人在睡觉的时候总是习惯睡在床边。这种人在心理上明显的是缺乏安全感，但是另一方面又充满了理性，比较善于冷静地处理事情和控制局面。另外，他们的韧性和忍耐力极强，而且很会克制自己的暴躁情绪，恬静的外表下，往往深藏着一些很有深度和常人意想不到的想法。

用“心”说“理”

瑞士心理学家博姆达尔坦·特拉梅尔·弗朗齐歇克认为，身体语言自始至终都是一种最能正确和清楚地表达对方心理的方式。而且她还通过多年的心理研究告诉人们，要想找到一种好的方式来了解对方的性格和心理特征不容易，而一个人的睡觉习惯就是其中的一种。一个人的睡觉习惯是一种直接由潜意识表现出来的身体语言，它往往会显露出一个人隐藏在内心的某种思绪和情感。

有些人在睡觉的时候习惯蜷缩着或者是抱着毛绒玩具。这样的人大都内心缺乏安全感，心理上非常软弱，甚至是一个很小的打击都能将其打倒。而且他们的逻辑思维能力不强，做事没有规划，事到临头才急着着手。尤其是喜欢抱着毛绒玩具睡觉的人内心极其缺乏安全感、独立意识不强，并且喜欢依赖别人或者是周围习惯了的环境，对陌生的人或者是事物会感到紧张甚至会畏惧，遇到困难的时候也不会迎难而上，内心渴望别人的关怀和宠溺。有这种睡觉习惯的人大多是女性，男性的性格和特质决定了他们很少会出现这样的睡觉习惯。

有的人习惯趴着睡觉。通常，这种人在一开始入睡的时候并不是趴着的，但是睡着之后就会无意识地习惯保持趴着的姿势。这种人在一定程度上十分自信，不管做什么事情都信心十足，而且通常给人的感觉也是如此，人们会相信他有卓越的能力来完成某项任务。心理学家在研究人们内心世界的时候发现，有很大一部分人对自己并不是很了解，对自己没有完全的认知能力，但是这种习惯趴着睡觉的人却有较强的认知能力，而且在必要的时候能够很好地把握和控制自己，能够随机应变，即使是到了一个很陌生或者是充满危机的环境中他也能够迅速融入，并且能够迅速地调整自己，在做事情的时候不会优柔寡断，而是果断干脆。此外，这种人还比较善于隐藏自己的真实情感和内心思绪，使别人很难察觉，很多处事果断、遇事冷静的男人都会有这样的睡觉习惯。

美国纽约警长比尔·布拉顿曾经破获了数件重大的案例，他凭借果断的处事风格和锐利的眼神赢得了人们的欣赏与敬仰。在案发初期，他总能够很快地融入案例中，将自己想象成多个不同性格特征的杀手，最终找出线索，顺利排除一些无关的人，然后从中找到破案的端倪。

然而，就是这样一位出色的警长却习惯趴着睡觉。据他的妻子回忆，比尔在生活中其实像个孩子一样，看上去总是无忧无虑的，就算是大案当头的时候，他也能乐观面对，从不表现出一副忧心忡忡的样子。而且他的妻子还说她在半夜起身的时候经常会发现自己的丈夫像个孩子一样习惯趴着睡觉。看来比尔·布拉顿的心理是很难让人看穿的，但是他的性格却十分明显，也正是这种性格和心理特点让他能够在破案的时候全神贯注、随机应变。

由此可以看出，睡觉姿势是能够反映一个人的心理特征的。当然，还有很多人在睡觉的时候会保持一些更加丰富多彩的姿势。

比如有的人习惯在睡觉时呈现出“八”字形的造型，这种人与上述习惯趴着睡觉的人的心理特点有很大的不同，甚至是呈现出相反的特点。喜欢呈现出“八”字形睡觉的人内心十分固执和强硬，不喜欢听从别人的建议，也很难向别人妥协，即使自己有一定的处事能力，也往往会比较武断。另外，这种人还有较强的控制欲望，喜欢统治和领导别人，而且这种人大都比较自负，有时候甚至刚愎自用，这种人的失败往往也源于此。

还有的人习惯仰面睡觉，这类人大都十分开朗、大方热情，富有同情心且内心善良，有责任心。他们在人际交往中比较善于分析对方的心理，因为他们心思细腻、考虑周到、言语谨慎。另外，这类人遇事不会逃避，而是会勇于承担，在某些时候还会呈现出一种成熟懂事的特质，也正因为如此，他们会受到人们的尊敬，人际关系非常和谐。

还有的人习惯在睡觉的时候保持一种非常正式的姿势，比如双手放在两边，两腿伸直，仰面睡觉。这种人的生活方式往往都比较有规律性，而且生活节奏比较快，因此他们的精神往往处于一种高度紧张的状态，即使是在睡觉的时候也会表现出来。

然而，在现实生活中，也有人习惯在睡觉的过程中将脚放在外面。当然这并不是因为温度过高，而是睡觉的一种习惯性动作，这说明此人白天的工作非常繁忙，以致其感到劳累。但是这种人十分乐观和开朗，从不会因为生活的劳累而自暴自弃或者是逃避，他们内心渴望成功，并且努力奋斗，内心坚定。

看来心理学家博姆达尔坦·特拉梅尔·弗朗齐歇克认为睡觉的习惯能够展现一个人在清醒的时候内心所表现出来的心理状态是有充分根据的，正所谓“透过现象来看本质”，睡觉习惯中的心理学问是非常值得人们推敲的。

透析喝茶习惯中的心理秘密

喝茶是一种休闲活动，这种看似平常的行为往往蕴含着深刻的心理要素和秘密。一个人的喝茶习惯往往能够反映出一个人的心理秘密以及变化。

“心道”秘闻

美国中情局在与苏联的克格勃进行特工暗斗的时候经历了很多惊心动魄的事情，美、苏两方特工的对峙不但展现了外在的特工技术和手段，还在心理上有一些强劲的较量。美国CIA打入苏联的特工凯尔·斯托克在一次行动中发现了苏联秘密制造先进武器用来攻打美国海军的证据，但是凯尔却不小心将自己的微型照相机弄丢了，里面有大量不利于美国的证据和影像资料，而且还有自己的一些个人资料。如果被苏联的克格勃发现了，那么这对苏联来说将是一个大收获，因此凯尔十分担心。也就在这时候，有一个自称阿加塔·洛特尼克夫的苏联特工说是捡到了这个微型照相机，但是要出高价钱来交易。对此凯尔答应了，他来到一家茶馆，远远地就看到了坐在窗边的一个人。他不断地四处张望，即使在端起茶杯的时候也会四处张望，于是凯尔认定就是这个人。果然，此人正是阿加塔。

凯尔以为阿加塔先前的张望是因为在等他而表现出来的焦急状态，但是没想到的是他面前的阿加塔在喝茶的全程都是东张西望的，这让凯尔心中感到很不舒服，但是作为心理素质极高的CIA特工，凯尔很快就洞察到了阿加塔的心理特点。他认为此人一定是个自私的人，喜欢贪小便宜，十分渴望能够从自己这里捞一笔。凯尔认为，这样的人虽然表面上十分轻松，但是真正遇到麻烦的时候跑得肯定比谁都快，于是凯尔设下了一个圈套。他请来自己的同事，扮成克格勃的间谍向阿加塔发出了通牒，后来阿加塔在紧急情况下顺利地交出了那个微型照相机。

凯尔正是通过观察阿加塔在喝茶时所表现出来的状态，洞察了其内心的性格特征，然后他将计就计，利用外在的环境和条件让阿加塔顺利地交出了微型照相机，成功地完成了任务。

用“心”说“理”

由此可见，一个人在喝茶时所展现出来的习惯足以反映出他的内心特征。任何微小且不被重视的行为习惯都是心理特征的外在表现，喝茶——

这样一个简单且随意的行为，却在心理上隐藏着众多复杂的特征和秘密，进而透露一个人的本质特点。

在很多情况下，有的人喝茶还有很多外在的习惯。比如，喝茶的时候习惯看报纸、杂志或者是图书，抑或是安静地写些东西，还有的人习惯观察周围的人或者事物，等等。而这些伴随着喝茶所表现出来的动作又是人内心特征的一些体现。

在喝茶时习惯看报纸、杂志或图书的人的心理一定是沉稳不乱的，而且在一定程度上还表现了一个人心理上的成熟，这类人比那些习惯打游戏或者是玩手机的人要成熟得多。这样的人往往是有一定阅历的人，心理学家认为，只有经历过波澜的人才不会惧怕波澜。但是由于这样的人太过客观，往往会忽视他人，他们虽然在事业上很成功但是在家庭生活上却未必是成功的。

习惯在喝茶的时候安静地写东西的人。这种人往往心思缜密，情感丰富，但是却不善于表达，缺乏交际能力，内心充满了孤独，但有时候又非常充实，因此内心世界经常十分矛盾。这种人比较单纯，而且有责任心，但在责任与理想发生冲突的时候，他们会毫不犹豫地选择自己的理想。

习惯在喝茶的时候观察周围的人或事的人，即使是与朋友一起出来喝茶也会无意之中不时地观察周围，让人产生一种十分不舒服的感觉。这类人的内心十分混乱、不安定，而且总是存在一定的侥幸心理，尽管他们并没有做什么亏心事，但是他们的内心却是不安分的，甚至还会在心理上希望四周出现一些异样的事情。另外，这样的人或多或少都有些自私，一旦遇到麻烦，想得最多的就是逃跑，可以说逃避是他们所擅长的。他们缺乏责任心，但是却比较圆滑，往往会贪些小便宜，然而，有时候也正是这些心理特点出卖了他们。

音乐喜好，透露一个人的内心秘密

人对音乐的选择是一个自然的、本能的选择，不需要任何理由，跟着感觉走即可。正因为如此，我们可以从一个人喜好的音乐上判断出这个人的性格特征。

对大多数人而言，音乐只不过是一种消遣，是简单不过的一种消费品或者是嘈杂商店门口的背景音。然而，古往今来，一直有人坚信音乐蕴含着真正的力量。大哲学家柏拉图曾说过："音乐比其他任何东西都要强烈，音乐的节奏感、和谐感能深入人的灵魂。音乐可以丰富、照亮、涤荡我们的灵魂。"

"心道"秘闻

每个人都有自己的独特性，每个人的喜好都会反映出这个人的品格。对于音乐风格的不同喜好，也跟人的性格有关。比如喜欢乡村音乐的人为人处世上都比较成熟老练，对事物观察很细心，内心敏感；喜欢古典音乐的人成熟而内敛，理性胜过感性；喜欢舞曲的人性格开朗；喜欢打击乐的人耿直爽快，充满希望；喜欢进行曲的人墨守成规，安于现状；喜欢重金属乐的人，喜欢冒险。

性格不是一成不变的，随着阅历的增加和不断地修炼，人的音乐喜好也会有所变化。比如，小时候会喜欢一些儿童歌曲，少年时就比较热爱流行音乐，成人之后又爱找些有情调的曲子来听，老了则更热衷于古典音乐。

说起摇滚，人们就会想到长发、皮夹克、破了洞的牛仔裤，吉他、贝斯、鼓，歇斯底里、愤世嫉俗、释放自我等。它本质的精神就是揭穿虚伪，让媚俗滚蛋。喜欢摇滚的人，喜欢做真实的自己，不向世俗妥协，有抗争精神；他们也了解社会的阴暗，愤世嫉俗只是发泄心中的压抑，歇斯底里是遇到无奈后的疯狂。他们从音乐中释放自我，看清真实的自己，从而找到正确的路。

用“心”说“理”

音乐对人有着巨大的魔力，而人对音乐的喜好也能说明一个人的性格。

1. 喜好舞曲的人

他们热情奔放，任由本性自然流露，不虚伪、不做作。他们追求生命中有选择的事情，喜欢热闹、喜欢激情、喜欢新奇。这些人对新东西满怀好奇，总会一探究竟。他们忍受不了平淡无奇的生活，接受不了死气呆板的人。过这样的生活，和这样的人待在一起，对他们来说简直就是摧残。

2. 喜好古典音乐的人

他们追求心灵的宁静和人生的至高境界，他们会在欣赏古典音乐的过程中与不同时间、不同空间的人进行思想交流，会在这种跨越时空的交流中使心灵得到陶冶与安慰。他们有一颗清醒的头脑，知道有所为有所不为，知道所当行所当止，知道用理性战胜感性，用理智约束情感。但是，这类人是生命中的孤独者，他们很难找到真正理解他们的朋友。人生中的大部分时间，他们都享受在孤独中，也同时挣扎在孤独中。

3. 喜好伤感音乐的人

他们多愁善感，心思敏感，外界的任何风吹草动都可以引起他们内心的不平静。他们善良，有着悲天悯人的情怀；他们清高，有着独善其身的气质。这类人不会主动走入别人的世界，不会积极掺和到很多事情当中，他们独来独往，陶醉于自己的世界中，享受着一个人的精彩。

4. 喜好流行音乐的人

他们是活在当下的一类人，关注自己生活的社会，关注正在发生的事情。他们调整自己的节奏，以适应这个社会；他们选择自己的爱好，以迎合这个社会。他们很少去追忆远古，也不会在幻想中迷失自己，现实就是他们的一切。

5. 喜好乡村音乐的人

他们喜欢亲近大自然、依赖大自然，并能从大自然中得到灵感与力量。他们的内心呼唤宁静，自觉与喧闹和嘈杂划清界限。他们不喜欢也不适应生活在熙熙攘攘的大城市，也不善于应对尔虞我诈的激烈竞争。他们有自己的操守，追求自我世界的独立和纯粹。

6. 喜好乐队音乐的人

他们有强烈的表现欲望，对纸醉金迷的世界有着天然的好感，也希望自己能跻身上层，享受物欲横流的奢华和上层社会的气派。但幻想终归是幻想，在现实生活中，这些人性格奔放、豪爽乐观，不会自怨自艾，也很少莫名感伤。他们的出现总能给别人带来快乐。

7. 喜好爵士乐的人

他们常用感性代替理性，追求宁静而远离喧嚣。他们喜欢新鲜而拒绝陈腐。他们追求自由、追求潇洒，他们不会本本分分，但也不会过分出格。火热中带有沉稳，激愤中含有克制，追求解放而又有所克制是这类人的共性。

对音乐的喜好不仅是一个人心声的表现，也是一个人性格的外显。我们通过一个人对丝竹之音的酷爱去了解他，走近他。

在自动扶梯上还要迈步上楼的人是什么心理

按照我们生活中一般的规律，乘坐自动扶梯时，人一般都会靠右侧站立，把左侧的位置空出来留给有急事的人。

但是，有些人就算是没什么急事，一上自动扶梯也会从左侧匆匆地迈步上楼梯。一般来说，这样的人性格都比较急，而且缺乏协作性。

当他们急匆匆地从左侧上自动扶梯时，如果有人无意地站在了左侧的位置，或是有人的行李太大，挡住了他们的去路，他们就会显得焦躁不安，因为他们无法继续往上，自己的步调被打乱了。

本来没有人规定上自动扶梯要站在右侧，把左侧空出来留给急需的人。而且，为了乘客们的安全，在自动扶梯旁都会有提示标，提示大家不要在扶梯上随意走动，以防发生危险。

即便如此，还是有人忍受不了扶梯左侧被阻塞，他们面露不悦，心中暗自抱怨："这些人有没有素质啊！"然后，极其不耐烦地站在后面。

"心道"秘闻

小爱和朋友出去逛商场，他们准备乘坐自动扶梯上二楼，可是在他们乘坐扶梯的上面不远处，有一名女士带着一大包东西，可能是刚刚进货回来。

接着，一名男士在自动扶梯上向上走，可能觉得扶梯人多拥挤，想赶紧离开这里，可是到了女士那里道路被堵住了。于是小爱开始训斥说："你有没有公德啊！东西摆在这里别人怎么上楼啊？"

女士听到这个也不甘示弱说："坐电梯还自己上楼，你才是神经病！"结果两人开始了一场"战争"，堵在扶梯口，影响了其他人的通行，别人也只是侧目而过。

用"心"说"理"

那些在自动扶梯上升的过程中还要自己上楼梯的人，大多竞争意识比较强。在自动扶梯上行走，再加上自动扶梯本身也在上升，速度是相当快的。而且，这个时候他们还在不断超过站在右侧的人。

这时，他们心中往往会产生一种优越感。无形之中，一种"不愿输给任何人"的竞争心理就得到了满足。

这类人一般都是很固执的人，不知不觉间就会丧失为他人着想、关心他人的精神。因此，也可以说，他们是优先考虑自己心情的自我中心主义者。

站在自动扶梯中间的人，不会考虑别人的心情和感受，缺乏与人协作的能力；靠边站立的人会替别人着想，善于和他人协作，具有团队精神。

心理测试：从走路测测你的内心

走路的姿势有千百种，那大家平时有没有留意过自己的走路姿势呢？来测一测吧！

记下平时自己走路的样子，找找与之最相似的脚步吧！

1. 迈开步伐大力地走。
2. 走路发出脚步声。
3. 走路大腿内侧相互摩擦。
4. 以最快的速度行走。
5. 踏八字步。
6. 走路内八字。
7. 无力地拖着腿走路。
8. 走路步伐忙乱。

心理透析

选 1：性格随和，非常勤劳。

选 2：非常纯真正直的人，偶尔也会有马大哈的一面，所以小心一点！

选 3：人际关系很好，是社交型性格的人。

选 4：非常浪漫纯情的人。

选 5：虽然对理论了如指掌，但却是不能付诸实践的人。

选 6：非常固执的人。

选 7：非常渴望得到他人认可的人。

选 8：意外地有着非常强大的自我。

第九章

声音察人：闻声听言而知其心

闻声听言而知其心，有如“看云识天气”，对于对方的言语习惯、口头禅、说话时的动作，这些看似不经意的行为，如果敏锐细致地观察，可在第一时间掌握对方的意图，了解对方的内心世界，从而随机应变，作出正确的反应。

从谈话中判断对方的本性

一般来说，从一个人的言谈中就能够发现他的感情、意见和态度。固然，言谈的内容是表象因素，但是言谈的语调、速度以及润饰等，却往往会影响谈话的效果。我们常常会在无意当中，通过这些因素发现对方的言外之意、了解到对方的态度，尽管对方本不想让别人知道他内心的真实想法。

"心道"秘闻

柳传志就是一名分辨语速的高手。在联想企业困难重重的时候，他召开了一次董事会。在会上，敏锐的柳传志发现他的下属在发言时吞吞吐吐，完全没有往日的从容，也没有企业家的风度，柳传志从中看出企业有军心涣散的趋势。他马上展开及时的调查，找出相应的对策，使企业转危为安。

用"心"说"理"

要想从对方的说话方式中获得自己想要的内容，首先要关注对方的语速。语速快的人，大多能言善辩，巧于言辞；语速慢的人，一般比较木讷。但这不是绝对的，平时能言善辩、巧言令色的人，有时也会变得结结巴巴，说不出话来；相反，平时木讷、不善言辞的人，有时也会滔滔不绝、高谈阔论起来。当我们遇到这种情况的时候，要小心留意，可以肯定的是这人一定是出现了什么问题，不然不会出现这么大的反差。

说话速度快的人有活力，且性格外向、朝气蓬勃，给人一种阳光、向上的感觉。

说话速度太快的人，给人一种非常迫切、紧张的感觉，让人觉得发生了紧急的事情。与此同时，让人觉得焦躁、混乱以及粗鲁。

说话缓慢的人，给人一种诚实的感觉，但同时也让人感到漫不经心、犹豫不决甚至是悲观绝望。

一般来说，当言谈的速度比平时平缓的时候，表示说话者对对方不满，或对对方怀有敌意；相反，当言谈速度比平时快时，表示自己有缺点或短处，心里比较惭愧，言谈的内容大多有假。

从心理学的角度来说，当一个人内心感到恐惧或不安的时候，言谈的速度会不自觉地变快。但是，由于没有重组的时间让他来冷静地反省自己，因此所谈的内容大多比较空洞，没有什么意义。面对这种情况，心思缜密的人会窥测到这些人内心的不安。

另外，语调也反映了一个人的内心。肖邦曾经在一家杂志专栏里写道：“当一个人想要反驳对方意见的时候，最为简单的方法就是拉高嗓门——提高音调。”人们总是希望通过提高音调来为自己壮大声势，并且试图将对方压倒。

音调高是任性的表现之一。一般来说，随着年龄的增长，人的音调会越来越低。而且，随着一个人心智的逐渐成熟，人就会具备压制任性这一情绪的能力。但是，有些成人的音调也很高，这就说明他们通常没有办法抑制任性，他们一般还是不会接受别人的意见。

音调高的声音，有时会被看作是心理不成熟的表现。在有女性参加的会议上，有人在发言的时候涉及某位女性，于是那名被批评的女性突然发出刺耳的尖叫，并马上高声反驳，使批评她的人哑口无言，也使在座的人感到吃惊，最终导致会议无法进行下去。这名女性的行为就十分不理智，甚至可以说心理非常不成熟。

在言谈中，语言本身的韵律（节奏）也是重要的因素。

非常自信的人，谈话的韵律为肯定的语气；不自信的人或性格比较软弱的人，讲话的节奏则慢吞吞。而有的人会在讲了一半话之后说：“你要保密，千万不要让别人知道了”。接着说话的声音会变低。一般来说，这种情况是在谈论他人的闲话与缺点。

另外，喜欢滔滔不绝的人，一方面喜欢表现自己，另一方面目中无人，并且这种类型的人性格比较外向。

说话比较缓慢的人，性格比较沉稳，即通常所说的慢性子。

语言风格中暗藏着一个人的心境

每个人都会在某一时刻把内心的秘密透露给别人，而这个时刻就是他开口说话的时刻。在绝大多数情况下，我们个人内心深处的情感，对外界一些事物的看法、意见及认识，都是通过说话的方式传达出去的。所以，留意别人说话的方式，就是了解一个人内心世界的开始。

“心道”秘闻

明朝成化年间，兵部侍郎李震已经九年考满，便期盼能够升任兵部尚书一职，而这时恰好兵部尚书白圭被免职，机会难得。不料李震的亲家、刑部尚书项忠接任了兵部尚书一职。李震对此颇有怨言，他对项忠埋怨说：“你在刑部已经这么久了，怎么又钻到此处呢？”不久，李震脑后生了一个疮，同僚们戏语说：“脑后生疮因转项。”（意思是说项忠从刑部转到了兵部）李震回答说：“心中谋事不知疼。”表明他仍然一心想着功名，并不死心。其实，李震得不到升迁是由于皇帝对他的印象不好。在皇帝看来，忠臣在奏朝章的时候，往往能朗朗而谈，而奸臣则低沉险恶。李震的声音历来沙哑，让人有一种不可靠的感觉。李震素来有喉疾，在奏朝的时候声音低哑，引起了明宪宗的反感，升官自然与他无缘。而与李震同殿为臣的鸿胪寺卿施纯，不仅声音洪亮，而且工于辞令，因此得到了明宪宗的赏识，并被提拔为礼部尚书。

用“心”说“理”

很多时候，我们都习惯依靠敏感的直觉办事，这种方法看上去简单容易，却难免因此而受人蒙蔽。只有真正懂得推理和判断才是读人过程中所要追求的顶级技艺。而语言最能透露一个人的品格、地位、品质及其内心情绪。其中语言风格中暗藏着许多信息，用心倾听分辨会捕捉到许多真实的信息，对于我们了解一个人大有帮助。

1. 讲话啰嗦的人胆小

有的人讲起话来不得要领，或者前言不搭后语，或者偏离主题。这种人在生活中经常为琐事斤斤计较，吹毛求疵。他们对长辈不满，对上司不满，对爱人不满，对孩子不满……在他们的心目中，所有的人都有毛病。

其实，这种人的内心深处，特别需要别人对他们的权威或地位予以承认和尊重，但是他们却没有自信心，因此常常掩饰自己的真实想法。这样的人往往胆子比较小，或者是既不能接受别人的意见，但又不愿反驳别人的意见，所以含糊其词，不把自己的意见明确表达出来。

虽然如此，这种人也是能够友好相处的。与这样的人交往，应该主动找出他们不愿表明态度的原因所在，对症下药，妥善地把问题解决好。这就需要我们主动对他们表示出友好的态度，这样就可以获得他们的信任。其实他们之所以表达不清，往往是因为有难言之隐。

2. 自言自语的人怯弱

人们自己跟自己对话，自己跟自己“交流思想感情”的情况是比较常见的。只是对于一般人来说，这种对话是以静思默想的形式出现的，很少有人将这些默想的内容大声说出来，除非在特殊的情况，如醉酒的时候。但是在酒醒之后，人们也常常会为自己的“酒后吐真言”后悔不已。

我们发现，这种情况在孩子的身上表现得很突出。胆怯的成人也经常会不由自主地自言自语。这种人的顾虑通常很多，怕上司、怕同事，怕这件事情没做好、怕那件事情做不了。他们常常自责，因此常常自言自语。有时这种人自言自语也是因为某些欲望难以被满足，但是他们天性胆怯，有话不敢明说，所以只好自言自语了。

怯弱的人如果在单位里受了上司或同事的气，或者受到批评，或者遭到斥责，他们在上司和同事的面前又不敢公开起来反抗，只好忍气吞声。但是他们的不满情绪久久难以平静，所以只好用自言自语的方式来加以发泄，通过自言自语来获得一些自我安慰。

有些人为了登台讲话而加紧练习，因此也会自言自语。学生在实习前的准备阶段，这样的情况往往是难以避免的，其原因也是缺乏应有的自信。

人们出现自言自语的原因是多种各样的，但是其根本原因还是缺乏应有的自信。

3. 强词夺理的人自私

在现实生活中，我们经常会碰到这样一类人：别人说东，他偏说西；别人说西，他就要说东，反正与别人说的不一样。这种人喜欢强词夺理，即使他明知道自己错了，也从来不会承认错误，而是执意重复自己的观点，并为此找来各种各样的借口。和别人辩论时，他们总是要取得最后胜利才会善罢甘休。

这种人的个性多半比较自私。他们觉得真理常常掌握在少数人手里，而他们自己就是这样的少数人。他们始终认为自己的观点和做法都是正确的，只是别人的水平太低，无法理解而已。因此，要使自己的观点得到认同，不反对别人是不可能的。这种人经常会遇到此类情况：即使自己的立场和观点别人难以理解与接受，也要尽力辩驳。这种个性阴沉的人的另一个缺点是常常以偏概全，喜欢抓住别人的缺点进行攻击。这种人言辞常常都比较尖锐，反应很快，一旦抓住对方的弱点，就会马上开始反击，不会给对方留下点回旋的余地。

与这种人谈话的时候最好不要发表肯定性的意见，否则会遭到他们的强烈反驳。即使是正确无误的说法，他们也不会表示赞同，因为他们认为只有自己说的才有道理。因此，与喜欢强词夺理的人讲理往往是行不通的，与这种人说话只有巧妙地跟他们周旋。与这样的人相处，最好的方法是含含糊糊地跟他们保持一致，然后把话题岔开。

4. 快言快语的人善于迎合

有的人说话语速比较快，就像连珠炮似的。语速快的人不仅思维敏捷，而且个性一般都比较外向。

外向型的人言语流畅，声音抑扬顿挫，富有变化，并且能说会道。这种人只要想到一个新的问题，就会很快说出来，有时还会把自己的身体靠近对方，兴高采烈地说出来，不管对方是不是感兴趣。有时，他们会突然打断对方的话，说得眉飞色舞，很想一下子把自己的主张强加给别人。尽管如此，这种人的言语表达依然是那样的周到而清晰，让听的人能很好地理解他的意思。即使面对初次见面的人，他们也会面带微笑，说话甜蜜蜜的，让人感到一种亲切的印象。这种人具有外交家的风度。

这种人很善于迎合对方。当对方表达自己想法的时候，他们会不断地表示肯定，不仅嘴巴里面不断地发出“是是”的声音，而且还会不断地点头称“是”。有时他们还会闪动着眼睛，涌出满脸的微笑。

人们通常认为，心直口快的人往往比较轻率，做事欠考虑。其实这是一种很大的误解，他们很会“看菜吃饭”。与他们说话，他们会主动调整自己的话题和说话的方式。由于他们具有这种随机应变的能力，所以与他们交流不会使人感到扫兴。因此可以说，心直口快的人很会处理人际关系，最适合搞公关。

不同的本性，别样的言语习惯

人们交流、沟通，就是为了能让对方更好地、更愉快地接受自己想要表达的东西。但风格迥异的言语习惯，让这个接受的结果千差万别。在意识到这些的同时，人们也有机会顺着这条“线索”去探寻别人的内心秘密。

“心道”秘闻

有一个年轻的胖姑娘，虽然吃了很多减肥药但却不见效果，心里非常苦恼，也最害怕有人说她胖。有一天，她的同事小张对她说：“你究竟吃了什么呀，像吹气儿似的，才几天工夫，竟然又胖了一圈儿。”

胖姑娘立马怒不可遏：“我胖碍着你什么事了？不吃你的，也不喝你的，真是狗拿耗子，多管闲事！”

小张不禁闹了个大红脸。

用“心”说“理”

从案例中我们可以看出，小张是个直言直语的人，在生活中也很容易得罪人。那么，如何从语言习惯上去识别一个人的内心呢？

1. 习惯抵触别人的人

习惯抵触别人的人是沉湎于权力的幻觉中的人。他们总认为自己是最权威的，在自己发表的意见受到挑战时，他们就会感到自己受到了威胁，所以立刻会说一些相反的话，提供更多的信息来挽回自己的气势。只有感到自己在道理或气势上压倒了别人，他们才会住口，这常常让别人下不来台。这些人在言辞上充分表现出对他人的不尊重。他们处处跟人竞争，总是以强者的姿态出现，给人极大的压迫感。这种现象常见于兄弟和夫妻之间，他们要在反驳的最后得到言辞上的胜利，以显示自己的强大、优越，并以此获得快乐。但实际上，这只说明了他们无礼、神经质、缺乏安全感、精神卑微的特征。

2. 习惯搬弄是非的人

搬弄是非的人是无法自控的。他们自我感觉不好，往往在心理上得不到满足，所以要搬弄是非。这类人往往很卑鄙、虚伪。他们很容易出卖朋友，也无法保守秘密，你告诉给他的任何事他都会讲给其他人听。这类人善于嫉妒、喜欢攀比，对于他们妒忌的人，绝不会心慈手软。常不择手段地通过泄露隐私来玷污对手的名誉。他们非常注意观察每件事物的细节，所以你要留心对他们说的话。他们完全有能力曲解你的话，并把这一曲解以非常迅速的传播速度变成人尽皆知的花边新闻。

3. 停不下的话匣子

这类人非常不适合社交，因为他们往往不注意别人是否有时间和他们说话。他们说话常是为了安慰自己或者让自己镇定下来，从而转移自己对烦恼的事或者一些重大的情感问题的注意力。这些人喜欢听自己说话，所以他们的个性中常常有一些自恋的倾向。他们不在意自己是否对别人产生影响，太过投入的他们，是感觉不到自己有多么令人厌烦的。

从心理学上说，他们不停地说话，可能是一种自我防卫机制，以此来回避被遗弃和孤独的恐惧感。因为他们非常需要听众，所以他们要和别人待在一起。就算身边没有人，他们也会自言自语以自娱。

4. 待人高傲的人

身份高贵的他们从来都不会听人说话，只会对人说话。他们就像旧式的贵族一样，用一种很超然或教训的方式对人说话。他们用一种高人一等的态度跟人说话，并习惯于让别人感到自己很渺小。能说会道，爱用大词，是他们的特点。但实际上，他们为人并不实在。

不尊重他人，也不太在意别人是否有话要说，是一种缺乏教养的表现。他们需要不断地说话、解释、发表训导式的讲话以及传道解惑来使自己的观点被人理解、接受。如果有人顶撞他们，他们会感到极其受辱，这类人是自负、喜欢控制别人的人。

说话时候的小动作透露心机

从心理学的角度来说，一个人平常无意间做出的动作，可以表明那人的本性，虽然并不是百分之一百准确，但还是有一些小道理的。想了解一个人，不妨仔细观察一下他说话时的小动作吧。

“心道”秘闻

刚开始做保险销售员的张悦去拜访客户，由于刚开始工作，没有什么经验，而且在培训时听了太多“不要放弃，要坚持不懈”的励志名言，他决心这次一定要拿下这位客户。

张悦提前预约了这位客户，客户也答应了。到了客户的办公室，他起初还是特别紧张，客户还给他开了几句玩笑话，缓解了一下紧张的气氛。

后来，张悦开始为客户介绍自己公司的保险。他确实对公司保险业务了如指掌，说起来如同背课文，但他只顾自说自话，可能也有些紧张，根本不敢与客户对视。

客户听他说了几分钟，就有点儿厌烦他这种讲述方式了，便问他："那你觉得你们公司的保险为什么适合我？"张悦顿时有点儿慌张，沉默了一会儿，又开始背课文似的说他的保险，依然不看客户。

客户实在是不耐烦了，就坐回到了自己的位子，看起了报纸，暗示自己已经没兴趣了。结果张悦根本不明白客户这个动作是什么意思，依然坚持自己决不放弃的原则，继续"唠叨"。终于这位客户忍无可忍，说："你走吧，我根本不需要！"

用"心"说"理"

上述案例中的张悦只顾自说自话，完全不顾及客户的感受，不给客户任何的说话机会，导致被客户赶走。

读懂对方的小动作，就可以了解对方的心。为此，你要了解以下几点：

1. 说话时抚摸自己的头发和脸

抚摸自己的头发和脸，表示他非常的不安，对很多事感到欲求不满。在心理学中将这些抚摸自己的行为理解为"对自己的亲密行为"，是为了缓和紧张与不安的无意识行为。托腮这样的举动也是相同的情形，个性上有孩子气的一面，也有希望依赖他人的心理。喜欢抓头发的人都是健忘、易受情绪支配的。当情绪不稳定时，便不自然地做出这个动作，希望在惶恐时抓着一些凭借。与人谈话时不断抚摸下颚的人，急欲更进一步地了解对方的底牌。

2. 说话的时候遮住嘴巴

说话的时候遮住嘴巴，或者是遮住嘴唇与鼻子的人，他正在说谎的可能性很大。这个时候，注意一下他到底在说些什么比较好。他们的表现多是为了掩饰自己内心深处的秘密，希望不让人察觉，有过分自卑的倾向，多是具有双重性格的人。

3. 说话的时候皱眉

对于皱眉而言，他们是先天下之忧而忧的人，说得直接点便是过分忧虑，所以遇上心情不安时，便皱起眉头。咬或舔下唇是在感到压力自四面八方袭来，却又摆脱不掉时，有人便会希望借着这个动作舒缓一下绷紧的神经。在整理一些毫无头绪的事情时，也会舔着嘴唇来想对策。频频吐舌的人多缺乏自信，常担心别人对他责备，因此显得有些神经质。无论是在完成大事还是小事后，都希望得到别人的评价，但又不大承受得起批评，便会出现这些小动作。

4. 说话的时候指手画脚

说话的时候指手画脚，这些人对探听他人的秘密兴趣特别浓厚，自己知道了的事情，便急不可待地传播出去，有语不惊人誓不休的性格。

5. 其他行为

说话的时候，还顺便轻拍别人肩膀的人，就是感到自己比别人强或占优势，才会以轻拍别人的肩膀来传递自己对别人的同情或支持。

抱着胳膊的人，表示他对别人不具备好感，有讨厌对方的意思在其中。另外也有可能是表示“不想再听你说话了”“我一点也不同意你的意见”。弓着背、抱着胳膊看起来像是抱着自己的身体，这是一种对自己的亲密行为，表示正感到不安、紧张、悲伤等，有可能根本就听不进去对方的任何一句话。

经常把手指关节弄得“啪啪”响，则是爱故弄玄虚，虚张声势；幸好他们性格单纯利落，否则会惹人讨厌。与人谈话时挖鼻孔，做出这个不雅动作的原因，是要分散对方的注意力，好让自己能有足够的时间整理思绪。

总是抱着胳膊的人，有可能是在夸耀自己的强大与力量，他们是权威主义的信奉者。另外，还有的人讨厌窥视别人的心理，具有小心、防卫性很强的性格，如果是这一类的人，会很容易受到周围环境的影响。

口头禅效应：一句话看透对方的内心

口头禅作为一个下意识的表现，它可以帮助我们去认识一个人。因为口头禅反映了人们的一种情绪或当时的一种心态，同时也间接地反映了一个人的性格。

口头禅在人们的生活中扮演着非常重要的角色，口头禅可以反映人的心理、透露人的内心特征。心理学家认为，口头禅是人们内心对外在事物的一种看法、是人们下意识的行为，反映了人们的一种情绪以及面对突发状况的心态，这种心态同时也可以间接地反映出一个人的性格特征。

“心道”秘闻

如果你经常看电视，可能会发现周杰伦代言的某乳品饮料广告。在广告中，周杰伦有一句话“哎哟，不错哦”，这句话被广大粉丝发布在各大论坛，成为网友常用的调侃用词。

其实这句“哎哟，不错哦”来自周杰伦的一首歌曲《红磨坊》，也是他常常挂在嘴边的口头禅。那么我们从这句话能看出周杰伦的个性吗？如果我们留心观察他的动作手势和一些其他表现，就不难发现，周杰伦的性格有点儿内向。他喜欢说这句话，一方面是出于客套，很随意；另一方面也间接地透露出他为人内敛、不愿张扬的性格特点。

真实生活中的周杰伦不喜欢多说话，他更愿意安静地沉醉在自己构建的精神世界中，这是经过他的朋友都证实了的。

用“心”说“理”

口头禅在人们的生活中扮演着非常重要的角色，一句口头禅也许就能间接地反映一个人的性格。也就是说，口头禅可以反映人的心理，透露人的内心特征。

那么如何从人的口头禅中发现他的内心所想呢？虽然我们不能准确判断，但还是有一些规律可循的，也许说下面这些口头禅的人就是这样想的：

口头禅是“说真的”“老实说”“的确”“不骗你”等的人，时时刻刻在担心对方会误解自己，因此性格有些急躁，甚至缺乏一定的自信。而且他们说话的时候会非常在意对方对自己的看法，所以才会一再强调“真实性”。当然，他们说这些也可能是希望自己被对方认可。

口头禅是“应该”“必须”“必定会”“一定要”等的人，与强调“真”

的相反，这种人非常自信，做事比较理智，表现非常冷静，抱有不说服对方不罢休的心态。另外，如果说“应该”比较频繁的话，也可能是内心不确定的表现。长期担任领导职务的人，常说这类口头禅。

口头禅是“听说”“据说”“听人讲”等的人，往往善于给自己留余地，比较谨慎。这种人见识虽广，但决断力显得有些弱，他们大多处世比较圆滑，当然有时候也可能是内心比较矛盾的表现。

口头禅是“可能”“或许”“大概”等的人，一般自我防卫本能较强，不愿意暴露自己的内心，善于交际，处世冷静，所以工作和人际关系一般都不错。有时候，这样说话是以退为进，一旦说中，他们就会变得非常自信，颇为自得。

口头禅是“但是”“不过”的人，性格上比较任性，喜欢辩解，往往会在内心为保护自己修筑一个堡垒。如果这种人从事公共关系，则会显得比较委婉和圆滑。

不要小看一句简单的口头禅，说得好会为自己的个人魅力增色不少，否则很可能会让自己失去一些机会，因此一定要优化自己的口头禅。比如在聊天的时候，一个朋友正在兴致勃勃地说话，如果你冒出一句“没劲”的口头禅，对方很可能会觉得你对他所说的话不感兴趣，兴致就会大减。若你说“不错”，那效果就大不相同了！

花言巧语“套近乎”的人可能别有用心

在现实生活中，有的人为了达到某种目的，或是为了获取某种利益，常常会在他人面前花言巧语、低声下气，以获得他人的好感和信任，然后在对方放松警惕的时候趁虚而入。对于那些主动用花言巧语套近乎的人，一般情况下，我们凭自己的直觉基本上就能判断出来，但他们到底有何居心，则因人而异、千差万别。下面就让我们来分享一个与此相关的历史小故事吧！

“心道”秘闻

荀攸是曹操的谋士，他自幼才华出众。荀攸13岁那年祖父辞世，他们一家人陷入悲痛之中。此时，一个自称祖父生前下属的人专程跑来吊丧。此人名叫张权，他刚到荀攸祖父灵柩前就放声大哭，如丧考妣。而且还执意请求为故去的上级守墓，以报恩德。张权悲痛万分的表现令荀家人万分感激，正欲答应张权的请求，觉得此事蹊跷的荀攸建议家人不要轻率作出决定。荀攸有理有据地给家人分析自己的疑惑。首先，张权的表现过于夸张，在灵前的号啕大哭有失方寸。其次，祖父生前并未提及此人，他与祖父的关系可见一斑。长辈们听了也略有顿悟，于是派人探听虚实。结果发现张权此时乃有罪在身，想借守墓之机与荀家攀亲，以助自己逃脱法律的制裁，免受刑狱之灾。

用“心”说“理”

可见张权主动套近乎完全是别有用心。其实，现实生活中很多的花言巧语和套近乎都是别有用心的。只要注意观察生活中的花言巧语就能品尝个中滋味。以下几种花言巧语要学会识别：

1. 一反常态赞扬别人的人

他们平时对某个人也许嗤之以鼻，也许视而不见。如果突然对这个人变得分外热络，那么，他们一定是有事相求，或者有别的目的。想用自己的花言巧语冰释前嫌，达到自己所期望的目的。这种人一般厚颜无耻、自私自利。他们交朋友的目的性比较明确，对于那些物质条件好和有权势的人，他们不惜放下自尊去巴结和讨好人家，但是对于他们认为无利用价值的人却很苛刻。生活中一旦遇到需要他们平时挤兑的人帮忙时，他们便丝毫不感到难为情地以奉承示好。

2. 通过某个人套近乎的人

他们总试图通过某个人的亲戚或朋友来拉近彼此的距离，意在多认识一些人，给自己的人生路上多扫除些障碍。他们为人处世希望自己付出少但是回报多，他们知道自己与人家的交情不深，所以试图通过人家的亲戚朋友作桥梁，使其对自己好。

3. 不停赞美他人工作能力的人

他们一方面是因为自身能力有限，需要他人的指导和帮助，希望从他人那里学到技术和经验；另一方面是自己目前正有工作上的困难无法解决，急需他人伸出援助之手。所以他们通过赞美别人，以求学的态度奉承别人，希望能由此达到自己的目的。

4. 特别强调他与某人要好的人

他们故意强调自己与某人关系异常好，意在示意某人把自己当成朋友，要求他人一定要真心对待自己，否则就不仗义，并希望对方在工作和生活中袒护与帮助自己。这样的人一般都有不为人知的秘密怕被泄露。他们疑心重，又在意别人的评价和看法，所以总是制造自己人缘好的假象。除此之外，这种人还爱拉帮结伙，搞小团体主义。用此种方法打压对手。

总之，生活中对花言巧语、主动套近乎之人要存有戒心，可谓“害人之心不可有，防人之心不可无”。对突如其来的“善意”，对超越范围的“亲热”，对为了达到某种个人愿望的“乞求”，都应该慎听、严察、谨行。同时根据花言巧语的人的具体情况，洞悉他们内心的真实想法，做一个善于观察、强于理解的人。

如何听懂一个人的“弦外之音”

一个人内心的所思所想往往会在不知不觉中通过口头流露出来。在与别人交谈的过程中，只要细心倾听、仔细品味，就能够从谈话的“弦外之音”探知一个人的内心世界。

“心道”秘闻

明朝洪武年间，浙江省嘉定安亭有一个名字叫作“万二”的人。他是元朝的遗民，在安亭郡这里堪称首富了。有一次，来了一个从京城办事路过此地的人，于是万二向他询问有关京城的见闻。这个人回答说：“皇帝最近作了一首诗。诗的内容是这样的：‘百僚未起朕先起，百僚已睡朕未睡。不如江南富足翁，日高丈五犹披被。’”万二一听不禁蔼然叹气道：“唉，迹象已经有了！”然后他马上将家产托付给家里的仆人掌管，而自己则买了一艘船，载着妻子儿女，向江湖泛游而去。万二走后不到两年，江南的大族富户们都分别被朝廷收缴了财产，门庭破落，唯有万二逃之于外。

富豪万二之所以能幸免于难，完全归功于他能看出皇帝所作之诗的弦外之音。他探察到了当朝皇上要收缴江南富户的信息，所以才携带家小泛舟远行，不但没有被缴走钱财，还免于被追责拷问。

用“心”说“理”

人们常常会把自己的情绪在一个话题中不自觉地呈现出来。通过话题了解一个人的性格、气质和想法，最重要的着手点就是要观察话题与说话者本身的相关状况。契合度的高低是揣摩的重点，从这里可以获得很多信息。

1. 措辞的习惯流露出的“秘密”

语言不仅具有社会的、阶层的或地理上的差别，而且还因个人的水平出现有差别的心理性措辞。通过分析一个人的措辞常常就可以大体上看出这个人的真实形象。一个人自己没意识到的措辞的特征比词语本身的内容更为深远，更能雄辩而形象地告诉人们这个人的自身。

一般而言，一个人的意见或感情，都能够在说话过程中被表现得清清楚楚。只要认真听并仔细揣摩，即便是弦外之音也能从话语的帘幕下逐渐透露出来。所以说，一个人的说话方式是透露其心里真实想法的罪魁祸首。

2. 说话快慢是看破深层心理的关键所在

一个人对另一个人心怀不满，或者持有敌意态度的时候，他说话的速度就会自然而然地变得迟缓，而且还稍伴有木讷的感觉。而当一个人对某个人或某件事有愧于心或者正在说谎的时候，说话的速度自然就会快起来。

3. 从音调的抑扬顿挫中看破对方心理

当两个人的意见相左的时候，有的人会故意提高说话的音调，意在暗示他想压倒对方。除此之外，一些心怀企图或居心叵测的人，他们说话的时候就一定会有意地抑扬顿挫，故意制造一种与众不同的感觉。他们有着强烈的吸引他人注意力的欲望，自我表现欲会从他们故意制造出的错落有致的声音中隐隐约约地透露出来。

4. 由听话方式看破对方心理

如果双方正在进行谈话，那些正襟危坐、视线基本一直注视对方的人是在认真地听对方讲话。而那些身体倾斜、手脚乱动、视线散乱的人，他们是对谈话对象产生了厌烦的情绪。

5. 从对方的回答洞悉他心理的态度

如果请朋友帮忙办事，对方始终不肯正面回答问题，总是躲躲闪闪，“顾左右而言他”，那就已经说明他不准备提供帮助，即使浪费太多的时间也是没有用的。如果与朋友商谈一件很重要的事，他不公开赞成自己的想法，而是回答“完全可以，但是……”，这也充分说明他心理完全不支持这种想法，甚至很反对，只是碍于你们之间的情面，不好意思直接说出来。

中国的文化博大精深，语言文字更是丰富多彩。人们在交谈过程中碍于情面和礼节，往往不直接明了地陈述自己的观点，而是旁敲侧击地暗示，或者根本就不发表真实的想法。但是他们的话外之意、弦外之音却总是出卖他们的心声。认真倾听，仔细分析，通过言语了解一个人是个不错的通道。

心理测试：你是个说话得体的人吗

老朋友有事找你，你第一反应认为是什么事呢？

A．有事情要你帮忙打开死结

B．搞砸事情要你帮忙善后

C．有事情询问你的意见

D．想你帮忙做一些事

心理透析

A. 得体指数：100%，面面俱到、处处设想、人缘好

你是个懂事且人缘非常好的人，经常能为他人设身处地地着想，懂人情世故，忍让他人，你说话得体，不需要担心会有冲突。

B. 得体指数：10%，踩人地雷不自知，还自认诚恳幽默

你是个性格直爽、说话直接的人，不会说假话讨好人。虽然你尽力用诚恳和幽默掩盖你的直爽，还是能被别人看出来。建议你说话之前多想想，否则就不要说话。

C. 得体指数：50%，反应稍夸张，或有过头的嫌疑

有时候，你太过于想要表现自己会使自己反应过头，多说多错。只要你表现得不过头，别人会觉得你得体。

D. 得体指数：80%，平时挺注意，情绪低落乱放炮

你平时的表现都得体，只有遇到自己很在意的事才会反应过激。在情绪低落的时候，你会因为情绪不好而乱说话或者是直接说出真心话。

第十章

识破谎言的心理策略

随着年龄的增长，很多人发现自己身边充斥的谎言越来越多，似乎周围人说的话已很难让人相信。其实，谎言的背后有很多破绽。当谎言被揭穿时，我们会发现，那些把我们骗得团团转的花言巧语，其实也不是那么难以应对的。有时候，通过一个微笑、一个眼神或是一次眨眼，敏锐的人就能觉察出异常，可以据此找出破绽、识别谎言。

认清欺骗的信号

人总是讨厌别人说谎，但是很多时候并不知道别人是否说了谎话。当对一个人的说法并不相信时，总会想要证明这个人是在说谎。下面就给大家讲讲如何判断一个人是不是在说谎。

“心道”秘闻

在一次侦破刑事案件的调查中，一位FBI探员和一位名为黛拉的女子进行了谈话，当时这位FBI探员进行了乔装打扮。当看到黛拉独自一人坐在角落喝咖啡的时候，他便找了个好借口上去和她搭讪。两人聊得很投机，从一些很轻松的话题开始，如童年、小狗、成功的减肥案例，等等。没过多久，黛拉的心理防线便渐渐松开了，这位FBI就渐渐将话题向工作的重点上引。

FBI探员：“最近有一则新闻说，在普莱诺市，一伙劫匪闯入了银行抢劫，好在该银行的工作人员很机警，结果劫匪们失败了。”

黛拉(声调提高)：“是吗？我很少看报纸。”

FBI探员：“警方已经查看了监控录像，很难想象这些人可以躲到哪里去，因为录像的画面很清晰。”

黛拉(继续高声)：“警察会抓住他们的！但是这和我又有什么关系呢？一点儿关系都没有。我没有钱存进银行，更不用关心什么人去抢银行了。”

短短几句话，这位FBI就知道，他们可以结束交谈了，因为在此之前，黛拉的情绪一直都很稳定，没有任何波动，而谈到普莱诺市的银行抢劫案时，她立马就提高了自己的声音，变得有些急躁，这样看来，她的嫌疑也就被扩大了。结果也证明这一推论的正确，黛拉就是这起抢劫案的接线员，参与了犯罪。

用“心”说“理”

在众多说谎者中，大部分都是有备而来的。也就是说，当这些人试图掩盖自己谎言的时候，都会事先找好一个理由，或者编造好一个故事，以此来应对发问者的提问。为了看穿他们的谎言，我们可从以下几个方向着手：

1. 有备而来者往往在说话时省去部分他认为敏感、关键的词语

很多说谎者会在说谎的过程中刻意掩盖自己的存在，因此在其言语表述中就往往体现为“我”字的缺失。这一点在生活中也随处可见，比如丈夫在外面和朋友喝酒，结果很晚才回家，面对妻子的追问，他不得不编造谎言来平息事端。此时的他就会用“车坏了”来应对妻子的疑问。心理学大师保罗·艾克曼指出，如果此时这个人说的话是真的，他就会在句子中加入主语“我”，而不会省略这个让他神经元为之一振的代词。虽然仅凭这一点是不足以判定一个人说谎与否的，但是如果反复在对话中省去“我”这样的词语，那就要引起人们注意了。

2. 有备而来者从不忘记预先编造好的故事

说谎者除了会刻意掩盖某些令他们感到不安的词句之外，他们在被问起事情的经过时，从来不会忘记“任何一个环节”，因为他们是按照自己事先编造好的故事来叙述的，并且叙述起来也有板有眼、情节合理、符合逻辑。

很多嫌疑人在接受审讯的时候，供词非常恰当、精妙，让警察很难找到破绽。当然，警察也给我们提供了这样一个方向：当这些人自以为回答得天衣无缝、合情合理的时候，警察就会对嫌疑人进行一次又一次的重复提问。

例如：当说谎者被问起诸如“我给你打电话时你在哪里”“今天下午你去了哪里”时，说谎者就会很明确地告诉你：“我先是驾车去了表哥那里，在楼下的餐厅和他吃了一顿饭，然后和他一起去看了场球赛。看完球赛，我就直接开车回家了。”

怎样才符合正常的逻辑呢？保罗认为，如果这个人没有说谎，那么他在被问起上述问题的时候，会有种突如其来的感觉，由于根本没有提前准备，所以他的回答会是断断续续的，甚至有些地方还会遗忘，如果上面那个去表哥家里的人说的是真话，那么他很有可能这样说："啊，我先是驾车去了表哥家，然后呢？我们一起去看球赛了……哦不是，之前我们还在楼下餐厅一起吃了顿饭。看完球赛，我才开车回家的。"

这类说谎者很善于迷惑别人，也懂得制造假象，他们的谎言也经得起普通逻辑的推理。但是也正因为经过了刻意的安排和准备，所以在这些说谎者侃侃而谈的同时，听话者稍微一转动脑筋就能发现其中的奥妙，找出对方的破绽来。其实识破谎言最简单的方法就是换位思考，将自己置换到目标主体所处的环境、身份、矛盾当中去，感受他的心理压力，以明确他下一步的动向和实际心理动机。

3. 突然提高音量和音调是有备而来的前兆

在很多情况下，说谎的人都是嗫嗫嚅嚅、不敢高声语。如果说谎者是有备而来的，那么他们常常会不自觉地提高自己说话的音量和音调，以此来制造假象，迷惑对手。

事实上，说谎者突然发出高亢的声音，也是掩盖自己心虚的一种手段。为了不被别人一眼看穿，他们会先做好铺垫与前奏，事先将自己的底气提起来，这样在与对手的交锋中才能不落下风。

比如半夜里，在丈夫接到一个电话时，妻子会问："这么晚了，是什么人打来的？"

丈夫往往会说出一个男性的名字，继而提高音量，这样的用意是很明显的，一方面他在给电话那边的人暗示：小心，我妻子就在身边！另一方面他也要说给自己的妻子听：看吧，什么都没有，我说的是实话。在大声说出谎话的同时，也可以大大地提升自己的底气，从而压制对方。

在这一类神情高亢的说谎者背后，往往藏着一颗极度恐惧、脆弱的心，不合时宜的突兀表现，也使得他们的"准备"显得幼稚可笑，所以应对起来也不是很难。唯一要注意的是，对这类试图通过提高音量来控制局面的说谎者而言，他们会事先在大脑中做一个非常快速的准备，也就是说，这类人往往很谨慎。为此，对于他们的高亢我们需要给予正确的反击，一语点破他们心中的禁忌，压制他们的气势、抓住主动权才是胜利的关键。

4. 突然的友善是说谎者为你准备的“糖衣炮弹”

俗话说，无事献殷勤，非奸即盗。当然这句话有失偏颇，绝不能成为我们判断真伪的不二法则，但这句话也有一定的合理性和可信度。

由于性格不同，一部分人在说谎时会选择提高说话的声音或者死死盯住对手的眼睛，以此来压制对手；也有一些人会选择“贿赂”对手以博取主动权。比起前一种做法，这一类人是在使用糖衣炮弹，以较低的姿态来攻击对方，往往当目标主体清醒过来之后，一切都已经晚了。

实际上，这说起来容易，做起来难，有很多人就是如此——遇到和颜悦色的对手时，往往失去了戒备心理，变得麻痹大意。如果这些说谎者想要说谎蒙蔽对方的时候，就会精心设计自己的言行举止来迎合对手，以瓦解对方的心理防线。

在面对这类说谎者的时候，一定要先从对方的心理角度去思考问题：他们要带我去哪里？他们的目的是什么？我现在身在何处？一般而言，这些大献殷勤的说谎者往往是抱着麻痹对手的心态而来的，当他们需要掩盖事情的真相时，就会用撒谎来完成这一任务。然而，撒谎带来的愧疚感会让他们觉得，必须做出一些“补偿”来平衡自己心中的愧疚，因此就会对对方刻意奉承，而这些举动也能更好地掩饰自己的谎言。在和这类对手周旋的时候，开门见山直接点出主题，是避免对手发动糖衣炮弹攻势的最佳途径。

透过姿势看破谎言

在现实生活中，哈佛大学心理学家将人与人之间的交流分为“语言交流”和“非语言交流”，其中“非语言交流”占60%～65%，尤其是男女亲密的时候，双方的交流几乎100%属于“非语言交流”。而将这些交流逐一外化出来，就成了形形色色的肢体语言。从一个人的肢体语言中也能分辨出其是否说谎了。

“心道”秘闻

一次FBI抓捕了两名男子，他们因为涉嫌盗窃被捕。根据这两个人的供述，他们刚刚投身这一行不久，只犯了5起案子，也没有同伙。但FBI怀疑这是一起团伙犯罪，且他们与当地发生的多起盗窃案都有关系。可是将这两名男子分别进行审问后，两名嫌疑人的口供还是非常一致，看不出任何破绽。但随后的一个细节给了FBI信心，证实了他们的观点，最终顺利查出他们确实是一个多达30人的犯罪团伙。这个细节就是，当警察问其中一名男子“你们一共几人”时，他回答说：“就我们两个，我，还有肖恩。”在说这句话之前，他的头一直是半低着的，而回答这句话时，他却将手抚在面部，抬头看了提问者一眼。就是这个看似很不起眼的动作顿时引起了警方的怀疑。FBI认定，这是一句谎话，回答者试图用面部变化来掩盖自己撒谎带来的紧张，同时还希望通过观察警方的态度来确定自己下一步的动向。经过一系列的较量，警方终于查出了这两人背后的犯罪团伙，一举端掉了这个“贼窝”。

用“心”说“理”

下面总结了几个关于说谎的“小动作”。

1. 在观察嫌疑人的时候，双脚也可以作为重点考察对象

作为人体生理构造的两个极点，大脑和双脚最能代表人的动向，因为大脑用以判断行动，而双脚用以执行行动。然而思维是不可见的，所以要观察一个人下一步的动向，双脚就成了考察的重点。人在撒谎时，脚尖是指向外的，也就是说他是在做逃走的准备。因为撒谎带来了恐惧和未知性因素，所以在编造谎言的同时，说话主体也就会不自觉地做了随时撤退的准备。假如我们将这个人的鞋袜都脱掉，还会看到他的脚趾也一直不停地上下翘动着。

2. 从脚部往上，到达手臂，也是一个很值得关注的部位

在一次办案过程中，警察为了不打草惊蛇，就将自己装扮成普通客人，坐在和通缉犯邻近的一桌喝咖啡，并找机会和他搭讪。狡猾的疑犯似乎闻到了警察的味道，起先，他还故作镇定地坐在那里，脸上挂满了友好的笑容，坐得也很端正。而细心的警察却看见他将手放到自己的大腿上，脚尖也指向餐厅门口，于是警察明白，对方已经察觉到自己，想要趁机逃跑。研究证明，人在感受到威胁的时候，除了很自然地将脚尖朝向出口方向外，往往还会将双手撑在大腿上，以便顺势从座位上站起来，一跃而跑。

3. 说谎者往往习惯于用手遮住嘴和脸部

关于这一点的解释比较复杂，心理学家最直观的解释为：人在说谎的时候，他的心理指数是呈下降趋势的，此时他与人交流的气势也是不足的，所以出现了以手遮挡的防御姿势。换句话说，如果一个正常人的心理指数是 50，他在说谎的时候，就会下降到 40 上下，也就是说，这个人心虚了；反过来，假如他做了什么好事，在和别人交流的过程中会主动，那么这个指数就会随之上升。

4. 手部小动作也可以体现出一个人的心理变化

我们常常可以看到，人在公众面前说话会尴尬得不知道把自己的手放在哪里；很多人紧张时习惯捏自己的手指，两只手拧成一团；还有不知所措的人喜欢折手指，把手上的小关节折得“啪啪”直响。心理学家指出，通过一个人的手部动作，可以看出这个人的性格，以及他对人的态度等等。

研究发现，人的五个手指中，大拇指是传达一个人性格的最好载体。所以，在观察嫌疑人的时候，通常将大拇指作为重中之重。

众所周知，竖起拇指有很多含义。通常情况下，竖起拇指可以表示感谢、赞扬，而放到自己身上，就体现出高度的自信。比如当受到别人的帮助或者对一个人产生了敬意的时候，都可以竖起你的大拇指。而有些疑犯在接受调查的时候，也会将自己的大拇指亮出来，这就体现了他强烈的自信心。有些商界或官场的成功人士，他们都表现得非常自信，在和人握手时，也总是选择将自己的大拇指露在外面。不但如此，高调、自信的人还有另一个常用的手势，那就是将两只手像搭帐篷那样撑起，手掌并不合拢，只是指尖顶在一起，也不交叉，像一个金字塔。这样的手势给人以发号施令的感觉，同时也能够体现出主体强烈的优越感。常常有这样的人，他们在审问之初，据理力争，咄咄逼人，手也不自觉地撑作金字塔状，直到警方出示证据，拆穿他的谎言时，他们才会马上将双手收回，插进裤兜里掩饰自己内心的不安。

看清面部表情，识破对方谎言

面部表情的变化是人与人交流的重要平台，更是警方盘查嫌疑人、寻求突破口的重要通道。按照生理学显示，人的面部聚集了大量的毛细血管和神经元，感应非常灵敏，一旦人的内心有什么风吹草动，就算这个人的控制能力再好，他也会被自己脸上微微泛起的波澜“出卖”。警方在面对很多老谋深算、心理素质超群的罪犯时，都会将如何抓住罪犯的面部表情作为重点来突击、研究。

“心道”秘闻

在美国著名特工乔·纳瓦罗的职业生涯中，遇到过一起犯罪案件。那是一起发生在波多黎各的一家旅馆的纵火案，造成97名无辜者遇难。

根据调查，旅馆的保安成了警察重点排查的对象，因为案发地点就在他所负责的区域。在审讯过程中，纳瓦罗问了几个细节性的问题，比如

“是否参与纵火”“案发时你在哪里”“失火前后你身在何处”，等等。当被问到“案发时你在哪里”时，这名保安的眼睛眨了一下，而问到其他问题时，他都没有反应。由此，纳瓦罗决定以此作为突破口。结果，保安终于供认：当时自己离开了工作区域，去见自己的女友，事后证明，也就是在此期间，3 名纵火犯溜进了旅馆，酿成了惨剧。

用“心”说“理”

心理学家总结了很多能够识破谎言的错综繁复的“面部密码”，其中最容易识别、运用最多的通常有眼睛、眉毛。

1. 眼睛

绝世奇才达·芬奇曾说过：“眼睛是心灵的窗口。”在我们与人交流的过程中，眼神的变化会在不经意间流露出我们的真实情感。事实上，这和我们的大脑结构息息相关，对绝大部分人而言，左脑控制人体的右躯干，右脑控制人体的左躯干，而逻辑推理、数字符号的处理都是在左脑的支配下完成的，所以，在进行案件调查的过程中，警方会特意留心受审者的眼睛指向问题。哈佛大学的心理学家表示，人在说谎的时候，他的左脑就变得活跃起来，眼睛也会不由自主地向右上方看。

不论是变幻莫测的面部表情，还是意蕴丰富的肢体语言，抑或是那些有备而来的话语、动作，都比不上从一个人的眼神中流露出来的心理变化多。心理学家认为，最容易暴露一个人的就是他的眼神。因为一个人的眼神中往往不自觉地流露出他最真实感受。因为眼睛所指示的方向，就是人最想去的地方，也可以说是他实际脑海中正在计划筹备的下一步。

因此，眼神作为“无解”的测谎手段方才显得弥足珍贵。警察也认为，在众多的调查手法当中，最值得信任、失误率最低的手段就是观察罪犯眼神的变化。

一直以来也有这样一种说法，就是“撒谎者不敢直视质问的目光”。但这一点在近年的研究中被推翻了，最初人们得出的结论是，说谎者会刻意掩盖自己说谎的行径，就会故意直视对方，并且试图从对方的眼神中获取信息，以选定自己的下一步计划，这样他就会目不转睛地盯着询问者看。虽然眼神表现得不逃避了，但是却导致眼睛干燥而“眨眼”。此外，来自英国朴茨茅斯的研究者发现，“眨眼”也是不可靠的，说谎者会有意使自己的身体处于静态，他们的眨眼次数是可以控制的——由正常人的每分钟 23.6 次下降到每分钟 18.5 次。这么说来，当人撒谎的时候，总会刻意布下一道心理防线，布防的地方恰恰是罪犯最为敏感、情感最为薄弱的地方，稍稍攻击一下，就可能使得整个调查拨云见日、真相大白了。

2. 眉毛

除了眼睛之外，重要的面部表情就是眉毛了。比起鼻子，眉毛附近的神经元要少很多，但是它却能很直观地传达出人的喜怒哀乐。比如一个人心情比较舒畅的时候，他的面部肌肉是放松的，眉毛和眼睛之间的距离也就比较宽；当人愤怒、焦虑的时候，他的面部肌肉也就比较紧张，眉头便会收起、拧成一团。心理学家认为，真实的吃惊所带来的眉头上挑、拧紧，仅仅只会维持一秒钟，超过这个时间段就是硬生生装出来的了。

说话时摸鼻子可能是说谎的信号

鼻子是暴露人内心恐慌、紧张的重要部位。生理学家指出，由于鼻子毛细血管密布，对外界感应十分灵敏，尤其是在人说谎的时候，血液会在短时间内流到头部，使人感到不适，产生异样，不由得伸手去抚摸。

“心道”秘闻

在商务谈判中，刚开始刘靖和客户交流得很顺利，但是慢慢地她感觉到，客户所说的话与上次谈判的内容有出入。于是刘靖果断地指出对方的问题：“上次我们谈判的时候不是这样决定的啊？”结果对方吞吞吐吐，而且不时地用手去摸鼻子。此时，对方是怎样的一种心态呢？一般在这种情况下，对方很可能在说谎。

用"心"说"理"

英国著名动物学家和人类行为学家德斯蒙德·莫里斯通过研究发现，人在说谎之后，用手摸脸部和吞口水的次数会明显增加。

从生理学角度分析，人在说谎时爱摸鼻子是因为人体会分泌一种叫作"儿茶酚胺"的化学物质，这种物质会使鼻腔内部组织膨胀，进而还会导致血压升高。因为鼻腔内部膨胀，鼻子部位的神经末梢受到刺激开始发痒，于是人便会不自觉地去触摸鼻子。当然，这种现象不能一概而论，摸鼻子也不完全是代表说谎的表现。有时也可能是因为气氛、情绪太过于紧张，鼻子干燥的原因。需要具体情况具体分析。

所以在商务会谈中，不能只注重对方说话的内容，还要注重对方的一些小动作。因为，小动作中往往隐藏着"大含义"。

解密不易被察觉的说谎表现

说谎是一个人不真诚的表现，更是虚伪的象征。任何一个说谎者都会露出破绽，那些不易觉察的小动作会暴露真相。辨认对方说谎时的小动作是一项特别重要的技巧，掌握这一技巧，有助于在交际中识破对方的谎言。

"心道"秘闻

乔娜总是能看出老公什么时候在说谎。老公也常和朋友们说，自己的谎言在老婆面前似乎总是无所遁形。为此，很多人向乔娜讨教高招。乔娜说，每次老公说谎的时候都会揉眼睛，她就是抓住老公说谎时候的小动作，才屡屡戳穿老公的谎言。

用"心"说"理"

心理学认为，很多人在说谎之后都会有掩饰动作。比如以下这些：

1. 掩嘴并伴有咳嗽

掩嘴这一动作本是明显未成熟、还带孩子气的动作。大概是因为说谎者大脑潜意识中本不想说谎骗人，从而导致了用掩嘴这一动作做掩饰。有的人在掩嘴的时候还假装咳嗽，用以分散自己的注意力。

2. 摩擦眼睛

说谎者由于心虚，总是会通过摩擦眼睛以避免与人的目光接触。男人说谎时摩擦眼睛比较用力，如果是说大谎，他们还常常会转移视线，比如看地板。女人说谎时摩擦眼睛往往只是在眼的下方轻轻地一揉，这样也许是为了避免动作粗鲁，或是怕弄坏了自己的妆容。而为了躲避与对方的对视，她们往往会看天花板。

3. 拉衣领

专家研究发现，一个人在说谎的时候，经常会使面部与颈部组织产生刺痛感，所以就会用手来揉或搔抓。当说谎者感觉到对方怀疑他时，似乎脖子会冒汗，这时他们会下意识地拉一拉衣领。

一个说谎者，除了会有以上所说的一些小动作，还会有一些一反常态的表现。比如他们平时总是沉默寡言，但突然却变得口若悬河；不经意间已经流露出惊恐的神态，但还是故作镇定；说话模棱两可，似是而非，答非所问，或者夸大其词等。总之，他们惯常的习惯会发生变化。

女性盯着人看，可能是在说谎

“你看我的眼睛，像在说谎吗？”有的女人会用一双真诚的眼睛盯着男人，然后提出这样的问题。一般来说，面对如此“真诚的注视”，男人都不会再有什么怀疑了。但心理学告诉你：你可能被她的眼神欺骗了。

“心道”秘闻

一天晚上，向天和往常一样给自己的女友打电话道晚安，但是打了几次都没人接电话，他想可能是在洗澡，不方便接电话，不过，以前如果出现这种情况，女友总会打回来的。可是那天晚上一直没有女友的消息，这让向天很是担心。

第二天约会的时候，女友如约而至，于是向天就问：“你昨晚在干什么？怎么一直不接电话？”女友抱歉地说：“不好意思，昨晚和一个朋友煲了很长时间的电话粥。”

可是，如果她一直在打电话，向天拨过去应该是占线音才对呀，这明显很奇怪。面对向天的一再追问，女友使出了撒手锏，“真诚”地盯着向天说：“你不相信我吗？”

用“心”说“理”

从常理来分析，人说谎后，一般不敢直视别人的目光，能避开都会尽量避开。而前面例子中向天的女友，用那种真诚的、理直气壮的眼神盯着向天看，反倒有说谎的嫌疑了。

根据心理学家的研究，男性在说谎后，一般不敢直视对方的眼睛。但女性恰恰相反，她们说谎后，注视对方的时间要长一些，并且用这种方法提高对方的信任。

男性为了隐藏谎言，会照常理把视线移开。而女性则会违背常理，更长时间地盯着对方看。所以，男人不要被女人的眼睛所欺骗了。

如何分辨真假笑容

笑容是非常重要的表情，在社会当中，为了保持周围人际关系，有时候就算是遇到不喜欢的人，也需要微笑面对。那么你能分辨出别人真心的笑容和虚伪的笑容吗?

“心道”秘闻

李颖和男友去电影院看电影，两人经过讨论，最后决定去看一部言情电影。其实李颖的男友并不喜欢看言情电影，但是在女友的强烈要求下，只好陪她去看。

看完电影后，他们来到咖啡厅，李颖还沉浸在电影情节中，一个劲儿地说：“啊！真的好感动，你说是不是?”李颖男友也笑着附和说：“是啊！”但是李颖总觉得男朋友的表情有点儿别扭，却又不清楚到底哪里别扭。

李颖感觉到男友的笑容不自然是因为男友的笑容不是发自内心的，而是假装出来的。因为李颖的男友并不喜欢看言情电影，只是为了顺应女朋友的心意才会选择言情电影。但是如果自己说真心话肯定会惹女友不开心，所以才会假装微笑附和女友的话。实际上，当人说谎或者感到愧疚时，为了不让别人看破，就会勉强装出笑容。换句话说，就是想用笑容蒙混过去。

不过发自内心的笑容和假装出来的笑容是有区别的。而且，不管装得多么逼真，假笑容依然会存在破绽。李颖就是感觉到了男友笑容的不自然。

用“心”说“理”

那么究竟发自内心的笑和假装出来的笑有什么区别呢？答案就在于嘴巴和眼睛的动作。

首先，嘴笑但眼睛不笑的笑容，一般就可以认定是假装的。人在想隐藏某种真实情感时，就会假笑，服务行业也经常是用这种假笑来取悦顾客。

其次，嘴和眼睛同时笑的时候假笑的可能性也比较大。因为有些人担心只用嘴假笑会被别人看出来，所以在嘴笑的同时，眼睛也跟着笑。真正发自内心的笑是嘴先出现笑的动作，过一会儿眼睛才会笑起来。

假笑，都是在“必须笑”的意志驱使下所做的动作，要么嘴笑眼不笑，要么嘴和眼睛同时笑，总会出现一些不自然的动作。

心理测试：你是哪一种类型的说谎人

晚上做梦梦见你喜欢的男歌手，你认为他会以什么形象出现在你梦里？

A．美少年

B．白发老人

C．女扮男装的样子

D．歌手和别人的合影

心理透析

选 A：理想主义的说谎人。你表现欲很高，常常有表现得“比真实情况还要好”的欲望，因此常常说一些粉饰自己的话，吹嘘自己，以成为大家的焦点。

选 B：求安慰的说谎人。你缺乏安全感，总觉得会出现什么过错，总想找理由为自己开脱，但是你并不会因此痛改前非。

选 C：彻头彻尾的说谎人。你是个十分善于说谎的人，天生会说谎。其实，从另一方面来讲，你是相当具有幽默感和游戏精神的人，喜欢时不时地戏弄别人一下。

选 D：不说谎话的人。你是个很诚实的人，不屑与那些谎话连篇的人为伍，时刻准备和他们划清界限。

下篇

二十几岁，如何走进他人的内心

第十一章

吸引别人注意力的心理学

每个人都有独特的魅力，但一个不善交往的人，如果不花时间和精力学习如何恰当地展现自己，一切都会变得没有意义。从现在开始，学习一些吸引别人注意力的心理小技巧，你的社交状况将会发生令人吃惊的改变。

用微笑，去赢得他人的好感

想让对方喜欢你，友善地对他微笑吧！罗曼·罗兰曾经说过：“面部表情是多少世纪培养成功的语言，比嘴里讲的更复杂千百倍。”不过，要把微笑的作用发挥到淋漓尽致，还应做到两点：一是要真笑，而不是假笑；二是要把握好微笑的时机和方式。

微笑是打开他人心门的钥匙。在与人交流时，主动报以微笑能迅速拉近彼此心与心的距离，赢得他人的好感。微笑就像温暖人们心田的太阳，没有一块冰不会被融化。带着真心、诚心、善心、爱心、关心、平常心、宽容心微笑，别人就会感受到你的心意，被你的这份心感动。微笑可以让你摆脱窘境，化解彼此的误会，可以体现你的自信和大度。

“心道”秘闻

一名乘客在飞机起飞之前向空姐请求，需要一杯水服药。空姐说：“先生，请稍等，为了您的安全，飞机飞行平稳之后，再把水给您送来，好吗？”

20 分钟后，飞机早已进入平稳状态，突然，乘客服务铃响起来，那名空姐才意识到忘记倒水了，赶忙倒了水来到乘客面前，面带微笑道：“非常抱歉，因为我的疏忽，延误了您吃药的时间。”乘客指着手表：“有你们这样的服务人员吗？你看都过去多长时间了！”无论空姐怎么解释，那名乘客都表示决不原谅。

接下来的整个飞行过程，为了弥补自己的过失，那名空姐每次去乘客机舱为客人服务时，都会面带微笑地礼貌询问是否需要帮助，但这名乘客总是不给好脸色。

飞机快要落地时，那名乘客要求写留言，显然他是要投诉。飞机降落之后，当所有乘客都安全离开后，空姐紧张地打开留言本，发现留言本上并不是投诉，而是一封热情的表扬信："整个过程，你所表现的真诚歉意，特别是那 12 次微笑，我很感动。你的服务质量很高，如有机会，希望下次还能乘坐你们的航班。"

用"心"说"理"

人际交往中，微笑是赢得好感的最佳途径，就像那名空姐，用自己真诚的微笑收获他人的好感。俗话说，"伸手不打笑脸人"，用微笑化解矛盾和尴尬，能达到出乎意料的效果。纵使时空相隔再远，微笑也能瞬间拉近彼此心灵的距离。

用微笑回击嘲笑，用微笑融化愤怒，用微笑打破僵局，你会发现，微笑可以化解一切冰冷。无论是与朋友的争吵，或是与父母的矛盾，还是与爱人的隔阂，都可以用微笑化解。所以，在与他人交往时，无论遇到什么困境，都要时刻告诉自己"要微笑"，只要你还能笑出来，那么事情就还没严重到无可挽救的地步。

人与人之间，微笑只是一个普通的身体语言，却能够消除彼此间的隔阂。人与人之间的最短距离，只是一个可以分享的微笑。

亲和力，拉近你与周围人的距离

在心理学中，"亲和效应"是指在人际交往中，人们会因为彼此间的某些共同之处或近似之处，而感到相互更容易接近，而这种相互接近，会使交往对象产生亲切感，从而更加相互接近、相互体谅。人们和与自己状态近似的人，语言、性格、讲究、习性、打扮、交谈内容相近的人，更容易产生共鸣！

利用自己的亲和力去感染别人，很容易就建立彼此间的良好关系。我们处于社会中的不同层次、担任着不同的角色，但是无论是销售人员、管理人员，还是科研工作者，但凡需要与人打交道的，都要懂得亲和力在人际交往中的重要作用。

“心道”秘闻

1964年，士光敏夫就任东芝董事长，而那时他已经68岁。东芝在日本各地设有30多家企业，他经常不带秘书，独自巡视各个工厂。作为一个董事长，亲自步行来工厂已经很少见，更不可思议的是他还经常提着一瓶一升的日本清酒去慰劳员工，与员工一起举杯共饮这种行为，令员工摸不着头脑，不知所措。这种事情没人遇到过，因此员工赞赏地称他为“捏着酒瓶子的大老板”。

士光敏夫的这种平易近人的相处方式，让他与员工建立了深厚的感情。即使是周末，他也会去工厂转一圈，无论碰到谁，都能和他们亲切地交流。通过深入基层，他不仅可以得到更多更宝贵的第一手资料，还能得到许多有建设性的建议，而最重要的是，他赢得了员工的好感和信任。

用“心”说“理”

亲和力是人们彼此交往的桥梁，会给人与人之间的交流带来便利，它能让人更快地融入并适应新环境。如何提升亲和力呢？下面给出了几点建议。

1. 主动问候

简单的打招呼问候语，如“你好”“见到你很高兴”，虽然只是片言只字，但是它可以架起一座沟通的桥梁，供人们深入交流，而且这也是我们主动示好的方式，主动向别人示好，别人自然会感到亲切。

2. 缩短距离

交朋友，首先就是消除陌生感，缩短彼此之间的距离。距离感消失了，我们的交谈就会变得随和自然，彼此间也能更快地加深了解。缩短距离的方式有很多，打个电话、发个微信表示关心，或者一起参加聚会，等等，都是接近对方的好机会。

3. 态度真诚

无论在什么场合，我们都要以真诚的态度待人接物，保持良好的心态，真诚地与人谈话、交往，因为只有真心才能换取真心。

4. 常说“我们”

“我们”和“我与你们”字面上的意思相同，指的是同一人群，但是二者给人的心理感受大有不同。在交谈中用“我们”，会让人感到彼此间的关系亲密、产生同伴意识，而“我与你们”则更有分属两个阵营，不在同一战线的意味。

在人际交往中，不要吝啬表现你的亲和力，尽可能让身边的人都喜欢接近你、喜欢和你交朋友，这不仅会成就你的好人缘，也更容易得到他们的支持和鼓励。

热情是人际吸引的核心力量

美国作家、心理学家杜利奥曾说过：“没有什么比失去热情更使人觉得垂垂老矣。”如果精神状态不佳，一切都将处于不佳状态。这就是“杜利奥定律”。

一个优秀的人身上会具备各种各样的优秀品质，尤其是热情，更是不可或缺，它影响着生活的方方面面。一个人热情还是冷漠，跟他在社交方面被接受还是被排斥有直接的关系。拥有热情的态度，别人就会渐渐地靠近你、接纳你、信任你。

“心道”秘闻

1842 年 11 月，恩格斯 22 岁，马克思已经享有很高的知名度，恩格斯为了见马克思，特意去了德国科隆，也就是《莱茵报》所在地。可是当时的恩格斯看起来只是一名衣着考究、风度翩翩的商人之子，所以马克思对他没什么好印象，态度也很冷淡。但是恩格斯完全不介意这些，还主动加入伦敦的工人调查活动，并且参与了工人运动。正是这种态度，赢得了马克思的信任。

两年之后，巴黎相遇，这时的马克思已经读过恩格斯的文章，于是两人成为有着共同革命理想的相知战友。

最初，如果不是恩格斯以自己的热情去和马克思相交，或许两人一生都只是泛泛之交。热情的人通常是积极乐观、真诚友好的，他们可以轻易感染周围人的情绪，给身边的人带来好心情。

用"心"说"理"

热情就像一块磁铁，可以把身边的人都吸引过来，让他们感受到精神的力量。因此，用自己的热情去打动周围的人，才能给自己铺就成功的道路，才能创造奇迹。无论何时何地，只要用一颗热情的心真诚对待别人，你就一定能得到更多的朋友。冷漠，只会让你受到排斥；保持你的热情，你会拥有一个广泛的交际圈。

如果你本身的性格比较冷淡，那么为了能热情地谈话和感染他人，请你按照下面的七点意见去做。

1. 大声地讲话

如果你无法控制自身的情绪，在听众面前会紧张地身体发抖，那就大声地讲话。

2. 迅速地讲话

迅速讲话是为了让心理尽可能快地发挥功能。如果你能够做到集中精力、快速地阅读，那么利用读一本书的时间，你可以读两本书，而且理解得更为透彻。

3. 强调

强调重要的词语，也就是强调那些对你或你的听众比较重要的词，如"你""你们"。

4. 暂停

迅速讲话过程中，遇到逗号、顿号等标点符号的时候，要适当停顿。既可以达到戏剧性的静默效果，听众也能更好地跟上你的思维，理解你的思想。在重要的词后面停顿一下，就能起到强调的作用。

5. 使你的声音带着微笑

大声、迅速地讲话时，面带微笑、眼含笑意，能够避免声音粗哑，使你的语音也能包含着微笑。

6. 改变声调

讲话时间比较长时，注意改变自己的声调。对于自己的声音，我们可以自我控制地间歇地改变谈话的语调和使用较低的音量。

7. 镇定

镇定下来，平稳心绪，你就可以用热情的谈话语调讲话了。

话不必说透了，让别人自己去“悟”

“树活一层皮，人活一张脸”。人人都是爱“面子”的。在说话时，我们要善于把握机会、抓准时机，学会给对方“留面子”，加深我们在对方心中的印象；同时也让对方对我们产生好感，使沟通更加顺利地进行。

“心道”秘闻

周艳艳是一家酒店的前台服务人员。一天晚上，一位客人来到总台，在办理住房手续时向她提出房价七折的要求。但是，按照酒店的规定，只有订房八次以上的常客才能享受七折优惠。听到这一说明，这位客人马上声称自己也曾多次来店消费，于是周艳艳马上在电脑上查找核对，结果没有发现这位客人的名字。但她又一想，如果将调查结果当众道出，将对方当众戳穿，那么对方会觉得自己十分“没面子”，肯定会恼怒起来，而此时正值总台入住登记高峰期，如果由于他的恼怒、叫喊，引来许多不明事由的好奇目光，肯定会给酒店造成非常恶劣的影响。

于是，她非常机敏地对那位客人说道：“不好意思，先生，我们的电脑刚巧今天出了点问题，无法查到之前的入住记录。请您先到那边的茶座上耐心等待一会儿，我马上去找维修人员。”

客人听后也找不到其他的理由，只好坐到一旁等待。

客人转身离开后，周艳艳立刻将情况汇报给部门经理。不一会儿，经理就朝那位客人走了过去。经理表达了对这位客人的理解，并很友好地暗示对方这个请求是毫无理由的，同时表示将在店规允许的范围内，对这位客人给予适当的照顾和帮助。

每个人都有自尊心，都不愿在别人面前“丢面子”。所以我们想要说服别人，就要把握好尺度，避免与对方发生直接冲突，避免让对方感觉“没面子”，给说服留余地，不要把话说绝。

用“心”说“理”

“留面子”代表对他人的一种尊重，当对方对你的想法提出异议或者说出一些比较刺耳的话语时，你首先要让自己冷静，无论对方是对是错，你都不能表现出傲慢与轻视的态度。比如直指对方的问题，比如语气生硬地说“你错了”“是你的想法有问题”“你没听明白我说的意思，我是说……”。这些说法明显地抬高了自己、贬低了对方，会挫伤对方的自尊心。对方一旦产生排斥心理，感觉到“面子”受到威胁，通常会拒绝与你继续讨论。他可能会努力转移讨论的话题，以避免受到这样的威胁。就算你说的话再有道理,对方也会听不进去,这样一来,你的说服也就进行不下去了。

面对异议，最好的办法就是无论对方表现出怎样的态度，都先顺从对方的说法，可以说“嗯，你说的确实有几分道理，但我还想补充一些……”或者“我想也是，只是如果换个角度来看的话，可能会大不相同……”诸如此类的话，这样才有可能在说话中“扭亏为盈”。

当然，每个人对自己“面子”的关心程度不一样，所以，很有必要事先了解对方心里对“面子”的关心程度。

看到别人的过错，点到为止

在生活中，人们难免会犯错误，但是在心理上都不会承认。心理学研究表明，每个人都不愿自己的错误或隐私在公众面前被“曝光”，一旦被曝光，就会感到难堪或恼怒。

中国人讲究面子，在人际交往中，我们应尽量避免触及对方的敏感区，避免使对方当众下不来台。如果大庭广众之下，对方犯错误或触及自己隐私了，可以委婉提醒或暗示对方，不要过分追究，把握尺度，点到即止。

“心道”秘闻

有一次，在午休时间，查尔斯·史考勃经过他的钢铁厂，看到几个工人在抽烟，而他们的位置是禁烟区，墙上偌大的招牌“严禁吸烟”清清楚楚。如果史考勃指着牌子对工人喊：“你们是眼瞎还是文盲？！”这只会招致工人的逆反和憎恶。

而史考勃只是走过去，友好地递给他们几根雪茄：“各位，如果你们能够去外面抽这些雪茄，我真是感激不尽了。”吸烟的工人听到后，也意识到自己的错误，都把烟给掐灭了，而且对史考勃充满好感和尊敬。史考勃只是使用了更加人性化的方式来劝说，而不是简单粗暴地呵斥，这样的方式也更容易让人接受，而像史考勃这样的人，自然是受欢迎的。

用“心”说“理”

当众指明对方的错误时，要抱有同情心理。不是让你同情他的错误，而是应该顾虑对方知错后的情绪，不能置对方的心情于不顾。即使你应该点明对方的错误，你也得注意维护对方的脸面、保护别人的尊严。过分直接地指出对方的错误，不仅会剥夺对方的尊严，让彼此关系恶化，自己也会变成不受欢迎的人。这种结果对双方都没有好处，你的行为意义何在？若让对方意识到，就算你指出了他的错误，你也是站在他的立场考虑问题的。这样，他不仅会乐于接受你的批评，而且心中也会充满感激。

点破之言应力求简短，尽量一两句话就能让对方领悟，然后再自然地转移话题。万万不能多次重复对方的错误，这会让对方误以为你是在抓住他的错误不放，令对方陷入窘境从而产生厌恶反感的情绪。

和盘托出，常常会“死”得很难看

俗话说得好：“逢人只说三分话，不可全抛一片心”。意思就是说，不要把自己的秘密全部告诉别人。也有一句老话说得好：“祸从口出”。意思就是说，每个人都应该替自己的嘴加把锁，防止说话时不留分寸、把不好口风，结果给自己带来灾祸。

“心道”秘闻

彤彤是一个刚进公司的新人，她工作非常出色，但总是一副忧愁的样子，没有一点笑容。公司的李大姐见此觉得很奇怪，很想打听彤彤为什么总不开心。于是她很热心地邀请彤彤去她家吃饭，还告诉了彤彤自己的秘密。

看李大姐这么热心，还将自己的秘密说出来，彤彤很感动，她感觉和李大姐已经心心相印。于是彤彤也将自己的心事全都说了出来。

原来，彤彤爱上了自己的上司，而又难以启齿，因此才不开心。

然而没过多久，彤彤发现同事们总会用一种奇怪的眼光看着她，她觉得很诧异。终于有一天，公司的另一名同事王姐偷偷告诉彤彤说：“你的事，大家都知道了！其实，你不应该将秘密告诉李大姐，她是个出了名的‘大嘴巴’。”

彤彤觉得愕然：“可是她，她不也一样将秘密告诉我了吗？”王姐摇了摇头，对彤彤说道：“人家和你不一样，人家李大姐不在乎这些东西，她和自己老公幸福着呢。”彤彤听了真是悔不当初，但是又有什么用？最后彤彤因为受不了舆论的压力，辞去了干得好好的工作。

用“心”说“理”

在人际交往中切忌掏心窝。因为每个人都有一些压在心里不为人知的事情，这是自己的秘密。朋友之间、同事之间，哪怕是感情不错，也不能轻易地把这些秘密告诉别人。如果你告诉别人，那么这些将不再是秘密。真正的秘密只能由自己知道，如果管不住自己的嘴，你就可能受到伤害。

朋友相处，重要的是双方在感情上的相互理解和遇到困难时的互相帮助，而不是了解一些没有必要的东西。例如你在工作上承担的压力，你对某人的不满与批评，当你快乐地向别人倾吐的这些心事，有可能他日被人拿来当成反驳你的武器，你是怎么吃亏的，连你自己都不知道。那么，对好朋友应该可以说说心事吧！答案还是：不可以随便说出来。你要说的心事还是要有所筛选，因为你目前的“好”朋友未必也是你未来的“好”朋友，这一点你必须了解。

人世间有君子就一定会有小人。当你向人掏心窝倾吐心事的时候，同时也会向人泄露你脆弱的一面，这脆弱的一面会让人改变对你的印象。虽然有的人欣赏你“人性”的一面，但有的人却会因此而下意识地看不起你。最糟糕的是脆弱面被别人掌握住，会成为他日争斗时你的致命伤，这一点不一定会发生，但你必须预防。另外，只要心头一热，便把自己的秘密一吐为快，也是做人的大忌。因此，只有守住自己的秘密，给自己留下一点余地，留下一条后路，才能够使自己在人生的道路上走得更平稳、更踏实。

要记住：这个世界并不总是充满温馨怡人的亲情和友情，还有许多时间和场合里充斥着伪情和欺骗。不要将自己的底牌轻易地向人亮出，这些信息会被居心不良的人当成击败你的利器。

交浅不宜言深，话说三分留七分

每个人都希望有个交心的朋友，可以推心置腹，彼此互相关心、共同成长。有时候你可能只是注意到了你们亲密的关系，你们无话不谈，而正是这些无话不谈恰恰对你造成了伤害。

“心道”秘闻

李文上了大学之后，不顾父母的劝说，放弃了自己原来的医学专业，转而投身文学创作之中。幸运的是，一次偶然的机会，李文结识了知名的专栏作家卢珊，还和她成了知心的好朋友，两人经常在一起交流，无话不谈。卢珊也对李文悉心指教，李文获益匪浅，不久之后，自己的文章在报纸上发表了，李文还专门给自己的父母寄了一张刊登自己文章的报纸。

一个人孤独前行，特别是在父母亲人都不支持自己的情况下，有一个人能在自己遇到挫折时拉自己一把，这种帮助是令人难以忘怀的。就像李文，她对卢珊是充满感激的。此后，她和卢珊的交往更为亲密，两人几乎合二为一、形影不离，一同参加鸡尾酒会，一同去图书馆查资料，而且李文把卢珊介绍给所有她认识的人。

而此时的卢珊，其实面临着自己的困境。她的创作到了瓶颈时期，无法拿出与其知名度相匹配的作品，她找不到灵感，失去了创作的源泉。

当李文把自己的最新创作计划毫无保留地告诉卢珊时，卢珊心思一动，认真地听完后，不断地点头，也就是从这时起，两人的关系到了转折点。

没过多久，李文就在卢珊的专栏里看到了自己构思的作品，文笔清新优美，内容丰富充实，而署名却是“卢珊”。后来李文在谈到这件事情的时候，她说：“我当时真的很痛苦，其实，卢珊只要给我打个电话，只要她解释一下，我会原谅她的。可是我面对那张报纸，等了整整五天，没有等到任何她的消息。”

一年后，李文在图书馆遇到了卢珊，两人打了招呼相互问候，除了刻意的寒暄，彼此都没什么可说的，为了避免尴尬，两人礼貌地握手告别后，便都匆匆离去。

而这件事以后，两人都停止了创作。

用“心”说“理”

俗话说：“逢人只说三分话，不可全抛一片心。”有些男性朋友会认为，大丈夫做事光明磊落，行得正坐得端，事无不可对人言，何必只说三分话呢？精于世故的人与人交往的确只说三分话，不会事无巨细地交流，时刻都会给自己留条后路。有人会觉得这太狡猾，做人不实诚，其实，这才是最聪明的选择。

在现代社会生活中，做人做事不要太简单，这不是理想化的社会，为自己多留个心眼，不轻信他人不是错事，冲动的后果是需要付出惨痛的代价。我们固然应该相信人性中善良美好的一面，但也要看到这社会上善良背后的奸恶，害人之心不可有，但防人之心不可无。

在人际交往中，当你结识了一位新朋友，即使你们兴趣相投，彼此之间有好感，但毕竟是初识，彼此缺乏了解，最好不要过早地深交，也没必要过分讨好，更不可以轻易为对方出主意，否则很可能会落得“出力不讨好”的下场。如果你的建议方法行不通，甚至导致糟糕的后果，好朋友之间或许不会太计较，但交往不深的人会以为你是在故意捉弄他，就算你的方法行之有效，他也未必会因为你的几句话而感激你。所以，何必自讨苦吃，除非是好朋友，否则不宜说深交的话。

总而言之，不要轻易向人坦露心扉，一旦你把自己的内心展示给他看，你就失去了主动权。特别是与人交心时要格外注意，这种程度的交流有很大的危险性，等于是你把自己的把柄交到了别人的手上，你以后的行为会处处受限，甚至成为任人驱使的奴隶。

直话伤人，不妨转个弯儿

在社会交往中，要想获得做人的成功，必须懂得察言观色、善加分辨，最好在说话时巧妙地拐个弯儿，千万不要信口直说。因为每个人都需要自尊，需要面子。直来直去，容易伤人面子，使对方心中不快，以致双方关系破裂，甚至反目成仇。

“心道”秘闻

小孟是个心直口快的人，有什么说什么，所谓的含蓄婉转话，他向来不会说，所以经常得罪同事。饮水机没水了，他对同事小崔说：“帮个忙换桶水吧，就你闲着。”

小崔一听就不高兴了：“什么叫就我闲着？我在考虑我的策划方案呢！”

小孟碰了一鼻子的灰。

一天，几个同事在一起谈话，让小孟说一说对公司管理的看法。于是小孟像竹筒倒豆子，噼里啪啦一吐为快：“我认为目前我们公司的管理非常混乱，有令不行、有禁不止，简直是一个乡下企业。”大家立刻不爱听了，认为小孟话里有话，似乎同事们都是坏蛋，就他一个好人。

另有一天，同事小汪走进来对小孟说：“你知不知道，大家私下里都叫你‘西伯利亚寒流’。”

小孟笑了：“为什么呀？”

小汪答道：“因为你说话总是冷冰冰、硬邦邦的，掷地有声，不注意措辞，经常令人难堪啊！”

小孟一下子把头低下了，他认识到自己说话太冲，杀伤力太大，难怪大家都不喜欢他。

用“心”说“理”

有些年轻人说话往往不顾及别人的心理，常常是有一说一、有二说二的。但在与人交往中，有时为了避免伤害他人，或是为了得到别人的帮助，都必须将要表达之意寓于其他话语中，这样才能收到好的效果。

任何一种意思都可以含蓄委婉地表达，与人说话时，言语不可太直，否则会招惹对方不快。所以，在与人交往的过程中，年轻人一定要学会说话“绕弯儿”，这样才不至于冲撞别人，才会讨得别人的喜欢。

人的脾气秉性各有差异，有的人比较注意细节，做什么事都很讲究，在言行、礼仪、服饰、交往等方面也都很有规范；有的人则不拘小节，为人处世大大咧咧、随随便便、马马虎虎。讲究细节的人自有其行事原则，不拘小节的人也有自己的一套想法。假如你看不惯那些不拘小节的人，而对方又是你的领导的话，那你提意见时要格外注意了，最好能在维护双方感情的前提下，委婉地讲出自己的看法。

有心智的人对于任何事情，在任何时候都会为自己留一条后路，对人说话太直接可能会遭到不必要的嫉恨。一件事情只显现出它的三分而留七分在其后，无论事情发展到什么地步，都会使自己有足够的空间去把握。

渲染氛围，增强对别人的吸引力

生活中，无论是吃饭还是学习，大家总喜欢说“要有氛围！”没错，氛围真的很重要，尤其在与人交往的时候，如果渲染得当，可以大大增强你的吸引力。不信吗？那不妨来看一看下面的例子！

“心道”秘闻

为了丰富学生的课余生活，某大学专门邀请一位著名教授举办了一个讲座，但由于临时改变讲座地点，时间仓促，又来不及通知，结果到场的人很少。教授到了会场才发现只有十几个人参加。他有点尴尬，但不讲又不行，于是他随机应变，说：“会议的成功不在于人多人少，中共一大才到了十几个人，但意义非同小可。今天到会的都是精英，我因此更要把课讲好。”

这句话把大家逗得开怀大笑。这一笑，活跃了气氛，再加上教授讲课充满激情，那一次讲座非常成功。

用“心”说“理”

人际交往就如同舞台上的演出，为了演出成功，不仅需要很好的台词、演技，还需要一种氛围，就像电影中要有背景音乐来渲染气氛。在人际交往的不同场合，也往往需要营造点儿氛围，它好像交际的润滑剂，使交际能顺利地进行下去。

在交际活动中，如果把交际桌看成会议桌，气氛就很难营造起来，也无法让对方投入。想让对方投入，一般要靠自己带动。有一种生意人，他们可以在会议桌上非常严肃、非常理智，然而，一旦到了社交场合，却又放得很开，与人斗酒、K 歌、开各式各样的玩笑，一副百无禁忌的样子。其实，他们是在营造交际气氛。

在日常生活中，个人的情绪体验是受多种因素影响的，如光线、气温、噪声以及卫生条件等都会左右我们的情绪，而这些情绪反应又影响到人际吸引力。梅和汉密尔顿的实验研究就证明了不同的音乐背景对人际吸引力的影响。他们以女大学生为测试对象，首先测定她们最喜欢和最不喜欢的音乐，然后请她们评定一些陌生男性的照片，在评定过程中播放不同的背景音乐作为衬托。结果发现，当碰到她们喜欢的音乐作为背景时，对照片中的人物评价较高；当用她们不喜欢的音乐作为评价背景时，对照片中的人物评价往往较低；而在没有音乐背景配合时，她们的评价介于上述两种情况之间。

个体的体验除了受物理环境的影响之外，个人的个性、知识、经验也是众多影响因素之一，这种感受带有强烈的个人主观色彩。在人际交往中，我们应该注意到一点：个体的主观体验会影响我们对一个人的评价。比如在社交活动中，如果我们处于活动组织者或领导者的地位，就应该考虑到环境的布置等细节问题，要保证客人能够在洁净舒适、平等友好的场合畅所欲言。同时，具体到交往场合，我们本身要发挥主观能动性，保持理智的状态，尽可能客观地评价交往对象，不要受环境氛围的干扰。

只有在自由平等的具有安全感的人际情境中，在融洽和谐的交际氛围中，我们才更愿意发挥主动性，愿意与他人交流沟通。所以在人际交往中，我们要善于利用环境和友好的交谈氛围，来增加自己的吸引力。

心理测试：你是个圆滑的人吗

测试导语

身处这个复杂的社会圈，需要做到圆润自然、张弛有度、浑然得体才能站稳脚跟。那么你是一个圆滑的人吗？不妨测一测！

测试开始

1. 上司要求你去完成一项你觉得很难完成的工作，你会怎么办？

A. 咬紧牙关，花费几个小时拼命地工作

B. 做到某种程度而发觉不行时，将情况向老板汇报

C. 求助于他人尽最大的努力也要把工作做好

D. 直接放弃

2. 两名相熟的异性同时追求你，你会怎么处理？

A. 把两人叫过来详谈后分开

B. 与适合自己的那一位交往

C. 在两人之间周旋

D. 将两人视为普通朋友，同时交往

3. 当生活或工作不如意的时候，你会选择以下哪种方式发泄呢？

A. 到常去的地方喊几嗓子

B. 出去散步使心情平静

C. 购物消费

D. 听音乐

4.. 当得知你的朋友在背后说你坏话时，你会怎么办？

A. 一个人默默地承受

B. 找机会和告诉你这件事的人谈谈，将误会澄清

C. 直接找说坏话的人算账

D. 找说坏话的人问清情况

评价标准

A. 5 分　B. 3 分　C. 1 分　D. 0 分

心理透析

18 ~ 20 分：你的心理在社交方面相当成熟，而个人生活方面就不太成熟了。这种不平衡也是你性格上的魅力，因为它令人有新鲜感，这会让人产生想要探知的欲望。

14 ~ 17 分：你的心理正在成长中，你会很快掌握社交技巧，只是要在这个过程中承受住一些心理上的考验。你兴趣广泛，但无法集中到一件事上，若能懂得取舍，会更快成熟。

8 ~ 13 分：你的心理还很幼稚，相当缺乏社交技巧。对你来说，实践比学习更重要，但学习也不能忽略。

0 ~ 7 分：你对爱的想法相当成熟，但心理成熟是没有界限的，所以应该想办法，使自己能与人相处得更好。你现在要注意与周围人搞好关系，千万别脱离集体，要合群。

第十二章

让对方打开心扉的心理策略

恰到好处地赞美，熟记对方的名字，别出心裁地称赞，幽默地调节气氛，表达你对对方的好感，点头认同他……这些心理攻心术都有助于你打开对方的那把“心锁”，自然地走进他的心里。

缩短彼此间的距离

在与他人交往时，不要把对方当作管制、批评的对象，而要把他当作自己人，将其视为第二自我，在相处的过程中，没有心理压力，不用相互防范，逐渐达到一点即通、一言即悟的境界。这种现象是由自己人所产生的，被称之为“自己人效应”。

一旦与他人形成“自己人效应”，就会大大减少双方之间的心理摩擦，从而避免冲突，有利于建立良好的人际关系。所以，为了能和他人建立良好的人际关系，我们在和他人交往的过程中，要积极创造条件，努力形成双方的共同点，从而使双方都处于“自己人”的情境中。

“心道”秘闻

有个上初中的女孩早恋，很快，家里人知道了。当然，女孩的早恋遭到了父母的强烈反对，要求他们立即分开。父母越是反对，女孩越是坚定，不听父母的劝告。父母希望班主任找女孩好好谈谈，让她能专心学习。果然，和班主任的一次谈话，改变了女孩原来的坚定，她决定暂时封存心中的爱恋，而把精力放在学习上。班主任是这样劝告女孩的。

女孩站在班主任面前，她低着头已经做好了受批评的准备。然而，她想象的一切却没有发生。班主任说起自己当年那段情窦初开的经历：“记得我年轻时，班上有一个帅气的男孩吸引了我。不知怎么搞的，我老是会想到他，在上课时也会禁不住看他一眼……”

不知不觉，女孩抬起了头，因为她觉得班主任是理解她的。接着，这位班主任说这是青春期性萌动的正常反应，然后谈了自己对早恋的看法。女孩终于被“感同身受”的班主任说服了，她觉得自己得先专心学习。

班主任之所以能说服女孩，是因为她没有像其他人一样把自己放在女孩的对立面，而是用自己“感同身受”的经历找出与女孩共同的语言来打开话题，让女孩觉得班主任与她是站在同一边的。

用“心”说“理”

在人际交往中，大部分人都愿意亲近跟自己有共同语言、跟自己相似的人，也更乐于认同其观点。如果你想要自己很快地被对方接纳，想让对方接受你的观点和态度，你就要找出与对方一致的“同体观”。这样，在对方看来，你是在为他们说话，或你是在为他们好，对方会觉得你们的心理距离拉近了，也就不会感到某种心理压力的存在，也无须有戒心了，从而愿意接受你的观点和建议。

熟记名字，更容易抓住他人的心

人对自己的名字是比较敏感的。若是一个没见过几次面的人能随口叫出你的名字，你往往会对对方有个不错的印象。反过来，你若是能记住对方的名字，并且很自然地叫出来，也一定能获得对方的好感。熟记对方的姓名，这是一种最简单、最明显，不需要付出多少就能获得对方好感的方法。这不仅能增强自己的亲和力、赢得对方的信任，而且还有利于建立一个良好的人际关系，对自己事业的成功有很大的帮助。试想，一个人过来跟你打招呼，你却不记得人家的名字，或是叫错对方的名字，对方会怎么想？对方心中的亲密感还会存在吗？所以，你想要别人亲近你，准确地叫出对方的名字是一个非常不错的方法！

其实，你只要花一些时间，熟记别人的名字并不是一件难事。然后，再真心与人相处，就很容易获得对方的友谊。记住名字不仅是礼貌，还是对他人的尊重。

“心道”秘闻

成功学大师卡耐基说：“记住，不论在哪一种语言之中，一个人的名字都是最甜蜜、最重要的声音。”

被称为“钢铁大王”的安德鲁·卡内基其实对钢铁的制造并不是很懂，那他为什么还能在钢铁制造方面获得如此巨大的成功呢？

安德鲁·卡内基虽然不太懂钢铁制造，但是他的几百号员工在钢铁制造方面都是一把好手，而且他们愿意为这个随口能叫出自己名字的大老板尽心尽力地工作。随口就能叫得出员工的名字，这就是他发大财的原因。当安德鲁·卡内基10岁的时候，他发现人们把自己的姓名看得很重要。从那时候开始，他就利用这项发现，去赢得与别人的合作。在他小时候，有一次，他抓到了一只兔子，那是只刚生了一窝小兔子的母兔子，他很快找到了那窝小兔子，但是他没有东西喂它们。他想了一个绝妙的办法。他对附近的孩子说：“如果你们能给小兔子找来食物，我就用你们的名字给它们命名。”小伙伴们都高兴坏了，争着抢着喂饱那些兔子。这个方法太灵验了，卡内基一直忘不了。后来，他把这个方法用在了商业界，赚了好几百万美元。卡内基想把钢铁轨道卖给宾夕法尼亚铁路公司，而艾格·汤姆森正担任该公司的董事长。卡内基在匹兹堡建立了一座巨大的钢铁工厂，它被命名为“艾格·汤姆森钢铁工厂”。

卡内基和乔治·普尔门竞争卧车生意的时候，卡内基再一次利用了因为兔子获得的经验。

卡内基和普尔门的公司在竞争联合太平洋铁路公司的生意，相互杀价，搞得最后两家没有一点利润可言。后来，卡内基和普尔门到纽约参加联合太平洋的董事会。会议结束后，卡内基主动叫住普尔门，友好地说：“晚安，普尔门先生，我们岂不是在出自己的洋相吗？”

“你这句话怎么讲？”普尔门问道。

卡内基向他说出了心里的话，他们之间的关系应该是合作而不是竞争。卡内基把两家合作的种种好处罗列出来，普尔门也听得十分认真，但是他并没有完全接受。最后，他问道：“那这个公司叫什么呢？”卡内基毫不迟疑地说："普尔门皇宫卧车公司。"

普尔门随即改变了之前的观点，说："到我房间来，这似乎是个不错的提议！"这次讨论改写了美国工业史。

安德鲁·卡内基以能够叫出自己员工的名字为傲。他说，当他亲任主管的时候，从未发生罢工事件。

用"心"说"理"

记住别人的名字，很自然地叫出来，这是相互之间获得好感的最简单的方法。不要抱怨自己记性不好，只要你多花些时间，就能轻松掌握。以下是几个原则，相信必定对你有所帮助。

1. 集中注意力，加深印象

心理学上认为，记忆力问题其实就是注意力问题。在日常生活中，相信有不少人总记不住别人的名字，这让人很苦恼。事实上，谁记不住我们的名字，我们就会感到不愉快，忘记他人的名字同样是一种无礼的表现。

人们都说眼睛是心灵的照相机，能把我们看到的东西记录下来。闭上眼睛，那些东西就会出现在脑海里，就跟看相片一样。大脑之所以记得，大都是因为用心看了，记姓名与记面孔是同一个道理。要想记住别人的名字和面孔，首先要集中注意力，这也有助于减轻你与陌生人见面时的拘束感。

2. 多重复几遍，加深印象

我们都会有这样的感觉，刚刚认识的人，不过10分钟，就忘了其名字。如果不多重复几遍，也记不住。要记住名字，一个非常有效的办法是在谈话中反复使用。比如，你可以这样问："张宇翔先生，您出生在北京吗？"许多人碰到不好发音的字就回避，其实你完全可以这样问："陈曦，您的名字我念得对吗？"人们是很乐意帮助你念对他的名字的。而且他还会在分手后，及时记下你的名字。

只要不断地练习，你的记忆力总能变好。如果有可能，力争在办正事之前先熟悉对方。也可以利用零散时间，不断地"重复"他的名字。你可以把要记的名字列个单子，在茶余饭后念叨念叨，相信一周时间就可记住。

3. 多用联想法，加深印象

很多人的名字后面都有一个动人的故事，他们非常愿意与你谈起，这比谈论天气有意思多了。如果你觉得一个名字实在太难记，就问一问它的来历。下次再见到他的时候，一想起他给你讲的有关他名字的那个故事，也就想起他叫什么了。

如果你不重视别人的名字，又有谁会重视你的名字呢？如果有一天，你把别人的名字全忘掉了，那么，你也很快就会被别人忘掉了。

记住别人的名字，对他人来说，这是起码的尊重和最美好的赞美。如果你想让人对你有好感，请不要忘记这条准则：记住别人的名字。

熟记他人的名字吧，这会给你带来好运！在彼此不是很熟悉的情况下，有时见到对方，需要辨认、确定后才能喊出其名字。此时一定要注意，你的态度必须自然，不要露出正在辨认的神情，使对方察觉。只要你能准确自然地叫出认识不久的人的名字，你就把彼此的距离更拉近了一步。

在日常应酬中，如果一个自己并不熟悉的人能叫出自己的姓名，我们就会产生一种亲切感和知己感。所以，在与陌生人打交道时，要竭力记住对方的名字，这可以很快消除彼此的陌生感。

“我们”常挂嘴边，消除对方陌生感

在人际交往中，“我”字讲得多并过分强调的人，会给人一种突出自我、标榜自我的印象，这会在对方和你之间筑起一道沟通的防线。在这种情况下，想让别人认同你很难。所以，多说“我们”，可以缩短你和大家的心理距离，促进彼此之间的感情交流。

“心道”秘闻

在一次聚会上，有位事业有成的先生在讲话的前3分钟内，一共说了

36个“我”，他不是说“我”，就是讲“我的”，如“我的公司”“我的花园”等。紧接着，一位与他相熟的人走上前去对他说：“真遗憾，你失去了自己的所有员工。”

那个人怔了怔说：“我失去了我的所有员工？没有呀，他们都好好地在公司工作呢！”

“哦，难道你的这些员工和你的公司没有任何关系吗？”

用“心”说“理”

我们经常看到记者这样采访“请问我们这项工作……”或者“请问我们厂……”，演讲者多使用“我们，是否应该这样”“让我们……”这种表达方式。事实上，这样说话往往能使你觉得和对方的距离接近，听起来和缓亲切。因为“我们”这个词，也就是要表现“你也参与其中”的意思，所以会令对方心中产生一种参与意识。

人的心理是非常微妙的，同样是和人交谈，有的人说话方式令他人反感，有的人说话方式却会令他人感到愉悦。例如演讲时说“你们必须深入认识这个问题”，便将听众和演讲者的距离拉远了，使听众没办法与演讲者产生共鸣。假如改为“我们最好再作更进一步的讨论”，就会将与听众之间的距离大大缩短，使气氛立马活跃起来，产生良好的共鸣效果。因此，会说话的人，在语言交流中，总会尽量避开“我”字，而用“我们”开头。以下几点建议可供参考。

1. 尽量用“我们”代替“我”

大多数情况下，最好用“我们”一词代替“我”，如此，可以大大缩短你和大家的心理距离，以促进彼此之间的情感交流。如“我建议，今天下午……”可以改作“今天下午，我们……好吗？”

2. 说话时应用“我们”开头

在员工动员大会上，你原本想说“我最近做过一项调查“我发现40%的员工对公司存在不满情绪”“我认为这些不满情绪”……假如你将上面这段话的三个“我”字转化成“我们”，效果就会发生转变。说“我”有时只代表你一个人，而说“我们”却代表的是整个公司，代表的是每个人，员工们自然比较容易接受。

3. 必须用“我”时，以平缓的语调讲

一定要讲到“我”时，你最好做到语气平淡，既不将“我”读成重音，也没有必要把语音拉长。同时，目光不可逼人，表情也不可眉飞色舞，神态切忌得意扬扬，你要把表达的重心放在事件的客观叙述上，不要突出“我”做的事，以免让听的人感觉你自认为高人一等，认为你在吹嘘自己。

别出心裁地称赞他人，增进彼此好感

每个人都喜欢被人称赞，而且对称赞自己的人充满好感。因此，在与人交流时，尤其是陌生人，别出心裁地称赞一下，不仅能满足对方的成就感，而且更容易激发对方谈话的积极性，从而打开对方的心扉，拉近彼此的距离，说不定还能获得一位至交好友呢！

“心道”秘闻

演员茱莉·安德鲁丝去听著名指挥家托斯卡尼尼的音乐会，在欣赏过曼妙的音乐之后，她和其他的一些政要名流到后台，一起向指挥家祝贺他的演出成功！

大家纷纷称赞指挥家的指挥水准太高了。

“指挥得实在是棒极了！”

“抓住了名曲的神韵！”

“超水准的演出！”

大指挥家一一向大家道谢，但是他有些疲劳，而且这种称赞他演奏的话，实在是听得太多了，所以脸上显出些敷衍的表情。忽然，一个清脆悦耳的声音出现，不是夸他的演奏很棒，而是：“你真帅！”

大指挥家的眼睛突然亮了起来，精神抖擞地走到茱莉·安德鲁丝面前，向这位美丽的女士道谢。

后来，托斯卡尼尼像个高兴坏的孩子一样，到处跟人炫耀："她不是说我指挥的好，而是夸我帅哎！"恐怕这位大名鼎鼎的大指挥家还是头一次听见别人夸他帅呢！

就这样，茱莉·安德鲁丝获得了一位挚友，两人相谈甚欢，大指挥家还抱怨与她"相见太晚"。

用"心"说"理"

人人都有自己的长处和短处，短处是埋藏在心里的痛，人们一般希望别人多多提及自己的长处，不希望多谈自己的短处，这是人之常情。对于初次见面的人，如果能以别出心裁的方式赞美对方的长处，这确实是一个打开其心扉的开场白，对方交谈的积极性也就得到了激发。

赞美不能空泛，要具体化才能达到想要的效果，正如伏尔泰所说："言而无物，其言必拙"。越具体的赞美，越能让对方知道你对他的了解，这不失为一种特殊的赞美方式。

幽默，让对方更靠近你

一个幽默的人是充满魅力的，像有吸引力的磁石一般，吸引着大家向他靠拢，探索他有趣而不乏味的生活。所以在人际交往中，要给自己佩戴一块幽默磁石，让对方喜欢向你靠近。

"心道"秘闻

赵忠祥（手拿一张画着绿色圆圈的纸）："杨澜，请你当着大家的面，说说看，我手中的是什么？"

杨澜："这难道是一张画？我知道了，您这是画了一个西瓜，只是太简单了。"

赵忠祥："不对，再猜。"

杨澜："不是西瓜，那一定是小一号的西瓜，绿皮香瓜。"

赵忠祥："为何想得那么复杂？"

杨澜："哦，对，这仅仅是一个绿圆圈。"

赵忠祥："也不算对。"

杨澜："那我可就猜不出来了，您自己告诉朋友们吧。"

赵忠祥："我手中拿的是一张画上绿圈的纸。"（观众笑了，杨澜也笑了）

用"心"说"理"

在这个例子中，赵忠祥显然刻意"制造幽默"：他出示"画着绿色圆圈的纸"，是设置悬念；然后不断地"卖关子"，是渲染，意在引起大家的关注与期待；"为什么想得那么复杂"，是反转，即引而不发的心理迁移；当杨澜泄气时，赵忠祥公布出人意料的谜底，是突变。

幽默表达就应该按部就班，先不动声色地制造悬念，然后不停地"卖关子"加以渲染，最后轻描淡写地反转或突变。在这个过程中，最忌讳的就是"幽默预告"。假如赵忠祥对观众说"现在我向杨澜提一个幽默的问题"，那"幽默"便荡然无存了。

幽默是生活的调味剂，可以调节气氛、缓解矛盾，促使心理处于相对平衡的状态。著名的喜剧大师卓别林曾说："通过幽默，我们在貌似正常的现象中看不出不正常的现象，在貌似重要的事物中看不出不重要的事物。"

幽默是可以后天学习的一种行为，它并非天生就有，而是需要自己用心培养。那么，怎样培养幽默感呢？

1. 首先要领会幽默的真正含义

千万不要以为油腔滑调就是幽默。正如有位名人所言："浮躁难以幽默，装腔作势难以幽默，钻牛角尖难以幽默，捉襟见肘难以幽默，迟钝笨拙难以幽默，只有从容、平等待人、超脱、游刃有余、聪明透彻，才能幽默。"

2. 扩大知识面

幽默是智慧的体现，它必须建立在丰富的知识基础上。一个人只有知识面宽广、懂得审时度势，才能作出恰当的比喻，否则会闹出更大的笑话。因此，要培养幽默感，必须广泛涉猎，充实自我，不断扩大自己的知识面，如此才能让你的幽默感发挥得恰如其分。

3. 陶冶情操

一个有幽默感的人往往是乐观向上的。幽默是一种乐观的心态，生活中如果多一点趣味和轻松、多一份乐观与幽默，当面对困难时，也会多一份积极乐观，那么就没有克服不了的困难，也不会出现整天愁眉苦脸、忧心忡忡的痛苦者。

4. 培养敏锐的洞察力

幽默不是什么时候都可以的，它讲时间、分场合、看环境，这就需要你有敏锐的洞察力。只有迅速地捕捉到事物的本质，以诙谐的语言作出恰当的比喻，才能使人们产生轻松的感觉。

当然，在幽默的同时还应当注意场合，对于不同问题要区别对待，处理问题要灵活。如果能做到不落俗套的幽默，当然更好！

运用认同术是达成共识的有效方法

在交际中寻找共同点的说话术，俗称“套交情”，也叫“认同术”。这种认同是在交际中与陌生人、朋友、尊长、上司等沟通情感的有效方式。它是要在交际双方的经历、志趣、追求、爱好等方面寻找共同点，诱发共同语言，为交际创造一个良好的氛围，进而赢得对方的支持与合作。

“心道”秘闻

小雷是一名家具推销员，他非常善于搜集顾客的趣事、个人经历。一天，经人介绍，他认识了一名IT公司的老总。这位老总最近搬家，需要一批新家具，已有好几个家具推销员向他推销过。小雷知道要取得这笔交易，必须有不一样的东西。他向介绍人打听老总小时候的事。原来这位老总小时候家境贫寒，家里没有足够的大米吃，几乎全家每天都吃蒸红薯，日子过得凄凄惨惨。老总全家5个兄弟姐妹，上面4个姐姐。在农村有重男轻女的思想，老总的妈妈特别疼爱他，尽管家境贫寒，他们还是想办法单独蒸米饭给他吃。

小雷知道这件事之后，在拜访这位老总时，就说起了这件事。这位老总听后觉得挺有意思，乐意与小雷继续说下去，谈小时候其他的趣事，如下水游泳、偷吃人家的黄瓜、在山里烤红薯等故事，两人相谈甚欢。最后的结果是小雷顺利签下了这张大单。

用“心”说“理”

人与人交往的最好结果是心与心的相通、志与志的相合、心理与心理的相容和分寸适度的距离感。无论在哪方面，都应该力求达到一种“求同存异”的效果。

在现实生活中，由于每个人所处的环境不同，因此在生活经历、教育程度、道德修养和性格培养等方面也各不相同，这些方面的差距不应成为维持友谊的障碍。友谊的长久维持应该是正确对待这类差距的结果。应该承认自己和朋友在对待事物方面的差距，承认这种差距，适应这种差距，双方可以有争论、有辩解，从争论中寻找两个人的契合点，求同存异。在涉及精神信仰的因素时应尊重对方，在涉及认识水平的问题时应通过暗示、影响等使对方认识到你们之间的差距。总之，有时保持这种差距，比强迫对方或自己改变以缩短差距要可行得多。

当然，朋友之间在兴趣爱好上有距离是司空见惯的事，如何才能使朋友之间的爱好协调起来呢？一般来说，朋友之间的兴趣爱好是相近的，但有时又是截然不同的。在这种情况下，应该尊重彼此的兴趣爱好，互相取长补短，如此不仅可以拓宽自己的知识面，还能使友谊更上一层楼。在交朋友时，应注意多结交一些与自己兴趣爱好相差甚远的朋友，这样可以使自己见闻更广阔、思想更活跃。

我们常说："距离产生美。"朋友之情再深，也没必要天天黏在一起，因为相距越近，越容易挑剔对方的缺点和不足，忽视对方的优点和长处，长期发展下去，会导致矛盾摩擦甚至断交。如果朋友之间保持一定的距离，可以使朋友彼此忽视缺点，而发现对方的优点和长处，并对对方有所牵挂，这样友谊就更易于维持下去。

总之，不管怎么样，对他人要善于运用认同术，着力达到“求同存异”的境界是最主要的。这样才能维持长久的交情，经营完善自己的关系网络。

表达你的好感，让对方也有好感

生活就像一面镜子。你对人生表达好感，人生回报给你的也必是一片好感。善待他人同时也是在善待自己。正像站在镜子前一样，你怒他也怒，你笑他也笑，一切取决于你的态度。

“心道”秘闻

向韦是一个极有魅力的人，很受大家欢迎。他走到哪里，就会给哪里带来生气与活力。当你讲话时，他会认真倾听，让你感觉你的事情从未如此重要。因此，大家都愿意和他聊天，谈谈心里话。

一个夏日午后，陈平和向韦坐在办公室里闲谈，陈平无意中抬头看见窗外梁天正向办公室走来。“讨厌的人来了，我可不想碰见他。”陈平说着，就打算假装去上厕所。向韦对他的行为很是不解：“为什么？”

陈平解释说：“说到这个，自从我进公司以来就感觉和他关系不好，我不喜欢他提出的一些问题，他也不满意我所做的事情。”陈平又说道：“那家伙就是不喜欢我，跟我不喜欢他一样。”

向韦想了一下，说：“看上去，他并没有像你说的那样讨人厌啊，是不是你想错了呀？或许人家根本没这个意思。”向韦接着说：“你看你见到他就想避开，而他可能也觉得你不喜欢他，因此对你也不那么友善了。人们都喜欢跟那些喜欢自己的人交往。如果你主动找他谈谈，表示你对他的好感，他也会以同样的方式对你，去跟他说说话吧。”

于是，陈平接受了向韦的建议，主动跟刚走进来的梁天打招呼，还问了他刚过去的周末怎么样，是否过得愉快。梁天听到陈平的问候，表现出十分惊奇的样子，而此刻向韦正看着他们，咧着嘴在笑。

用“心”说“理”

人都喜欢听一些让自己高兴的话，尤其是当听到另外一个人对他表示好感时，那种惊喜之情和对对方的好感会一下子出来。当然，这些表示好感的话不是那种有目的的拍马屁之类的话语，不是那种有意美化别人的献媚，是发自内心的真诚的欣赏。

表达你的好感，是人际交往的润滑剂，推动人际关系向美好的方向发展。表达好感的方式也很多，一个真诚的微笑，一句赞美的话语，一个欣赏的眼神，就足以传达出你对对方的好感。

朋友，不妨试试看，用感激去装扮你的人生、点缀你的生活吧。试试看，从今天开始，心里多些感激，勇敢向他人表达你的好感吧！

心理测试：你是个有幽默感的人吗

幽默可以淡化人的消极情绪，消除沮丧与痛苦，使人妥善处理痛苦和烦恼。你是一个具有幽默感的人吗？测试一下吧！

你认为脸部哪个部位的化妆，对一个人的外貌有决定性作用呢？

A. 嘴部化妆

B. 打全脸粉底

C. 眉毛修饰

D. 眼部化妆

心理透析

选A：你在团体中很爱依靠别人，大小事都不会主动去做，也容易搞不清状况。有时装无知太过离谱，也会被大家当成笑话来看。

选B：你不是镁光灯的焦点，擅长配合别人的搞笑，一笑到底。你喜欢走温馨路线，你的笑话不会让大伙儿笑到在地上打滚，但是有让大家笑中带泪的力量。

选C：你天生就爱搞笑，是大家的开心果，喜欢逗人笑。要是没人逗大家笑，你就开始挤眉弄眼，说笑话讲八卦，还搬出说学逗唱的本事，荤素不忌。

选D：你表面冷静，似乎神圣不可侵犯，不擅长搞笑，也不愿意别人拿你开玩笑，大家开玩笑都会对你有所忌惮，免得你翻脸，坏了大伙儿相聚的乐趣。不过偶尔开窍，会说个笑话来逗乐，虽然很努力，但是效果会比较冷。

第十三章

获取对方信任的心理学

信任的力量巨大无比，但又往往被忽视，被低估。信任不仅是一种无形的社会美德，更是人际交往的助推器。获取了对方的信任，它将助你改善业绩、提升自己，使你能持久地和客户、同事、伙伴保持融洽的关系。

在朋友需要帮助时及时出手

“赠人玫瑰，手留余香”，这是我们在生活中经常会听到的一句话。如果将这句话运用到人情世故中去，也同样具有很深层次的意义——很多时候，我们帮助了别人，其实也是帮助了自己。

“心道”秘闻

有一个商人走在漆黑的街道上，心里一阵懊悔：“为什么出门的时候忘记带灯了呢？”

正在这时，前方突然出现了一点灯光，借着荧荧的亮光商人走到了灯光前，原来提着那盏灯的是一位盲人。

商人觉得很疑惑，于是问盲人：“你的眼睛根本看不见，灯对于你来说毫无用处啊！为什么你还要提着灯呢？这不是在浪费灯油吗？”

盲人听了慢悠悠地说道：“我提着灯是给别人照明的，因为在漆黑的晚上，别人往往看不到我，我也经常被别人撞倒。如果我提着灯走路，虽然灯光不能帮助我把前面的路看清楚，却能帮助别人看到我，这样我就不会再被别人撞倒了。”

盲人的灯光帮助别人照亮了漆黑的道路，在帮助别人的同时，也保护了自己。这就像一句印度谚语所说的那样“帮助别人其实就是帮助自己”。

用“心”说“理”

在日常工作中如果能够给予朋友关心、支持和帮助，能够在对方遇到困难之时伸出援手，那么当你遭遇到困境时，也会得到同样的帮助。

奥地利作家茨威格在自己的著作中写道：“单靠一个人的力量，恐怕很难应付生活中的各种麻烦，所以我们需要别人的帮助，也需要帮助别人。”

在社会中更是如此，帮助别人也是建立自己人脉圈子的过程，不过即使帮助他人也要讲究分寸，否则只会适得其反。那么，我们应该如何恰到好处地帮助别人，或者说怎样帮助别人，才能让自己受益呢？

1. 一定要真诚

你在帮助别人的时候，一定要真诚，要发自内心地给对方切实的帮助，千万不要给别人“有目的”的感觉。这样才能让对方愉快地接受你的帮助，也才能让自己得到心灵的满足。

2. 多为别人考虑

如果你帮助时没有站在对方的立场上进行思考，很有可能会出现相反的效果。所以，为了不出现好心办坏事的情况，你必须多为别人考虑，要站在对方的立场上去思考问题。

3. 给对方一些建议

当别人有问题来征求你的意见时，不要随随便便地说“是”或者“否”，而应该进行合理的分析，并且给对方一些中肯的建议。只有这样你的帮助才具有现实意义，否则都只是纸上谈兵。

为对方保守秘密，更能获得他人的信任

朋友之间总是会说一些“悄悄话”，当他把自己从不告诉别人的秘密告诉你的时候，你一定要替他保守，让这个秘密只有“天知、地知、你知、我知”，否则只会害人害己。有的人尽管与朋友关系不错，可是当朋友不在面前的时候，就随便地把朋友的秘密、甚至隐私公布于众。后来他说的话又传到朋友耳朵里去了，结果造成两人关系破裂。

“心道”秘闻

刺猬和乌鸦是好朋友。一天，刺猬和乌鸦聊天，乌鸦很羡慕刺猬有

这么好的铠甲，便说：“朋友，你的这一身铠甲真是好啊，就连狐狸都没办法。”

刺猬听了非常高兴，忍不住对乌鸦说：“其实，我的铠甲也不是没有弱点。当我全身蜷起时，在腹部还有一个小眼不能完全蜷起。如朝着这个眼吹气的话，我受不了痒，就会打开身体。”

乌鸦听了惊诧不已，原来刺猬还有这样一个小秘密。刺猬说完后，又告诫乌鸦说：“我这个秘密只跟你说过，你可千万要替我保密，要传出去被狐狸知道了，那我就死定了。”

乌鸦信誓旦旦地说：“放心好了，你是我的好朋友，我怎么会出卖你呢？”

不久之后，狐狸抓住了乌鸦。就在乌鸦将成为狐狸的“盘中食”时，为了活命，乌鸦想到了挽救自己的方法，那就是刺猬的秘密。乌鸦对狐狸说：“狐狸大哥，听说你特别想吃刺猬肉。如果你放了我，我就告诉你如何抓住刺猬。”狐狸果真放了乌鸦，知道了刺猬的死穴。

后果可想而知，刺猬被狐狸咬住了柔软的腹部，临死前，它知道是朋友乌鸦说出了自己的秘密，绝望地说：“你答应替我保守秘密的，为什么出卖朋友？”

用“心”说“理”

每个人都会有小秘密。如果你有幸得知了他人的秘密，千万不要到处说。即使对方没有让你帮他保守秘密，也不能随便说。如果说出来传到他的耳朵里，你就会成为著名的“大嘴巴”，不但你的朋友不再相信你，其他听者也会鄙视你。

别人之所以会把自己的秘密告诉你，那就代表着他信任你。当聆听他人的事情时，你的义务就是帮助他分担忧愁，而没有权力到处宣扬。如果你没有认识到这一点，把朋友的事情到处乱说，那就不可原谅了。如果是无意间透露了朋友的私事，要抓紧时间承认错误，否则你必将失去朋友。在朋友圈子里，你也将难以立足。

很多时候，当受到朋友的埋怨时，你可能非常委屈，认为这根本就没有什么，很多人都知道的事情，算不上秘密。但，是否是秘密不是由你决定的，而是由朋友决定。总之，不管如何，为了不陷入这种流言蜚语中，一定不要随便说话。

交友之道在于对朋友的忠诚度，只有相互忠诚的朋友，才能让友谊地久天长。忠于朋友，为朋友保守秘密，才能获得朋友的信任。

马克思被海涅称作“最能保密”的朋友。原因是：当时马克思居住在巴黎，与诗人海涅的关系特别好，他们两个非常有默契，二人的感情达到了“对方不必要把话说得很明白就能听懂”的地步。当时，海涅有着非常进步的思想，他白天作诗，晚上去马克思家中朗诵。马克思和妻子燕妮便跟他一起加工、修改、润色，但在别人面前，马克思从未提及此事，直到海涅的诗作在报章上发表为止。他们之间的友谊是典范，值得称道。

跟朋友相处，最重要的就是尊重和信任。如果有幸知道了朋友的秘密，应该做到事后就忘。如果实在忘不掉就要管住自己的嘴巴。否则，这友谊就无法继续下去了。

说话要抓住能够表示诚意的时机

交际场合往往会出现说话时机不当的情况，有的人十分健谈，滔滔不绝了一番，但大家的关注点并不在他身上；有的人在那儿静静地待了半天，也无从插话，找不到恰当的说话时机。讲话要抓住时机，及时准确地“切入”话题，首先必须找到双方共同关心的基本点。

“心道”秘闻

杰克最近遇上了一件烦心的事。前几天他刚买了一辆车，可是开了不到两天，引擎就出现了问题。这可是自己新买的车，杰克当即就把车开到那个汽车销售公司想要退换，销售人员表示车只能维修，不能换了。杰克很是生气，要见销售经理。不一会儿，销售经理过来，先对杰克表示道歉，然后说明自己的难处，杰克才打算让他们先试着修修。

经理立即把年轻修理工汤姆叫来，让他好好看看车出了什么问题。杰克虽然同意先让维修工看一下，但是脸色依旧难看，等的过程中翻看起了侦探小说。站在旁边的经理灵机一动，问道：“你看的《福尔摩斯》是第几辑？”对方答道：“第一辑，快看完了，可惜借不到第二辑。”经理说：“刚巧，我也很迷这类小说，今天刚好看完第二辑，就在办公室，一会儿给你拿回家看吧。”

杰克的脸色立马由阴转晴，和经理聊起了小说里的情节，你一言我一语，谈得津津有味，开始时的紧张气氛也消除了。后来，不但汽车修好了，两个人还成了好朋友。

用“心”说“理”

切入话题除了要注意双方所关心问题的共同点，还要考虑在什么时候表达最好。

人们经过研究发现：在讨论会上，最好是在两三个人谈完之后及时切入话题。这时气氛已经活跃起来了，效果最佳。若是先发言，虽然可以在听众心中形成先入为主的印象，但因时间过早，气氛还较沉闷，况且人们还没有适应而不愿开口说话；若是后发言，虽然可进行归纳整理，井井有条，但人的大脑已经疲乏，想尽快结束讨论，不愿再拖延时间，也就不想再谈了。

想赢得他人的信任，要特别注意把时机选在对方心情比较平和的时候。因为场合、时机都与人的心境有关，因此把人的心境单独提出来，作为一个独立因素是必要的。开口说话之前，应先看看对方的脸色，看了脸色，再决定说什么话。这种所谓“脸色”，不过是心境在脸部的一种反映而已。心境不好时，“无所不愁”，心境好时，“无所不乐”；当你与人说话时，必须把这作为一个前提来考虑。

其实，无论是多么严重的不信任感，其原因大多数都是极其微小的。但是，不论它多么微小，如果有了不信任的萌芽，又任其发展，那么在以后的各种场合，人们往往只听得进那些加强不信任感的信息，并让它逐渐成长发展起来。每个人都是一个多面的个体，即使对同一个人，不同时间、不同场合，感觉也不完全一样，有时会心生好感，有时又有厌恶之意。一旦对某人产生了不信任感，好感便完全被抹杀，只留下一片厌恶的记忆。

不信任感大致可分为刚开始萌芽、处于发展中的不信任感和已经发展起来的不信任感，其解决的方法也各有差异。这种差异并不是不信任感念头产生之后的时间差，确切地说应该是已经根深蒂固的不信任感与尚未达到这种程度的不信任感的差别。

对于刚开始萌芽、处于发展中的不信任感，应该尽早除掉。这就如同刚生长出来的杂草一样，刚出土时芽很嫩，容易受到外界的影响。所以，对于处在萌芽状态中的不信任感，只要你满怀诚意，一般都能迅速地将其消除。

一个懂得人心理的调解人员，即使事故的责任主要在于受伤者，也不能马上对因家人受重伤而处于悲愤之中的家属进行调解。不论是挨骂还是受到冷落，都要以谦恭的态度给以安慰，满怀诚意地前去看望，以等待对方情绪镇定下来。即使对方的情绪镇定下来之后，他的不信任感本身也并未消除，因此，这时充满诚意的交涉态度才会收到较好的效果。掌握好表示这种诚意的时机也是一个不可忽视的重要问题。

诚信是获得别人信任的前提

信用是长时间积累所得的，是指一个人的可信度，它在与人竞争和与人共处中起着十分重要的作用，是一个人最重要的素质和资本。一个有交际能力的人必是一个诚信之人，因为能以诚待人地处理人际关系，才能受到对方的信任与尊重，从而赢得更多的朋友，有时这甚至可以决定你的生存质量和命运走向。

“心道”秘闻

一个人进了一家不大不小的汽车维修点，他说：“我是某运输公司的汽车司机。”

“等会儿开账单的时候，多报点账目，我回公司报销，自然少不了你的一份好处。”那个人稍带笑意地对店主说。

但店主拒绝了他。

那个人不死心：“我的生意不算小，以后会经常光顾的，你也不亏嘛！”

店主说“不行”，再一次拒绝了他。

那名顾客有些急了，嚷道：“谁都会这么干的，我看你是太傻了。”

店主也火了，要求他立刻离开，“去别家谈这种生意吧。”

这时顾客露出了满脸的微笑，满怀敬佩地握住店主的手，激动地说：“我就是那家运输公司的老板，我一直在寻找一家可靠的、信得过的维修公司，你还让我去哪里找这种生意呢？”

面对金钱的诱惑，维修店老板不为所动，坚持了自己原则——诚信待人，因此赢得了顾客的信任。诚信是为人之本、立业之基，是打开你人际关系的“万能钥匙”。

用“心”说“理”

如今，社会复杂、世事难料、人心叵测，每一个人都是戴着厚厚的眼镜看世界，裹着厚厚的棉被与人交往，彼此之间小心翼翼，思前顾后，人与人之间总有一层隔膜或一道难以逾越的鸿沟，最终只能导致彼此之间逐渐疏远和冷漠。我们需要的是信任、信赖和相互扶持，这就需要我们敞开心扉，用真诚和诚实对待别人，用诚信之心面对周围的人和事物，因为只有诚信才能征服别人，赢得尊重。

“诚信”是老祖宗给我们留下的宝贝，千万不要认为时代不同了，就可以抛弃一切“陈规老套”，是时候要要小聪明了……如果你这么想，那你就大错特错了。诚信是为人之本、立业之基，无信者不足以立于天下。

一个背信弃义的人也许会暂时获得某些利益、暂时得意，但是时间会让他为自己的行为买单，时间会碾碎他，时间会抛弃他。抛弃诚信就是买了一只会一直贬值的股票，时间会让它贬得一文不值。

诚信具有永久“储藏”的价值，永不贬值，诚信能让你获得别人的信赖，是助你的学业或者事业取得成功的重要砝码。

下面是几种提高自己诚信度的方法，可以借鉴。

第一，在与别人交往的时候一定要用心，如果你对他人坦诚相待，你就会得到别人的信任，长此以往，别人就会越来越喜欢你。在中国，虽然最为提倡的是中庸之道，但在适当的时候人们也可以袒露自己的心声，因为这样可以让别人更好地了解你，更利于促进彼此间的关系。

第二，在人际交往中，一定要注意第一印象是非常关键的。当你在说话、办事、承诺的时候，一定要兑现自己的承诺，如果第一次就给人留下不守信用的印象，此后很多事情都将会是非常难办的。因此，我们应当提倡并遵守“一言既出，驷马难追”。只有这样，自身才能得到更好的发展。

第三，不要在背后议论他人，如果曾经有人这样做让你听到，也千万不要乱传话，否则自己就可能会被这些流言蜚语所覆盖，被别人看作爱打小报告的人，非常不可靠，严重影响自己在别人心目中的形象。

除此之外，在人与人相处的过程中，大家一定要坦诚相助。当别人遇到困难的时候，你应该出手相助；当别人取得成绩的时候，你应该为他人感到高兴；当别人对自己表示关心的时候，你要感谢别人、与人为善……只有这样，你的人生大道才能越走越宽广。

用好态度打消对方的疑心，让他知道你可信

在消除对方疑虑取得信任的过程中，好态度是一个不容忽视的重要因素。下面，我们一起来看看卡耐基在这方面的亲身经历。

"心道"秘闻

有一次，卡耐基受一家公司委托，请求某位学者帮忙。起初工作进展得好像很顺利，但是不久之后，公司的负责人给他打来了一个令他不解的电话，说不知道为什么，学者的态度突然变了，弄不好会拒绝这个工作。卡耐基对他采取了各种方法，但是仍无济于事。即使是允诺改善工作报酬、放宽日期也未能打动他的心。

卡耐基觉得总得见他一面，听听情况。于是，当天晚上，他陪公司负责人拜访了那位学者。在学者家里，卡耐基听到学者说的话之后感到非常意外，学者提到他担心公司方面是否能履行有关合同，担心和公司配合得不够默契，等等。

卡耐基知道在这种情况下说服也是不起作用的，因此在回家的途中，他向与他同路的公司负责人建议说："我不知道究竟是什么原因造成了这样的结果，也许是一些不重要的小事引起了他对公司的不信任，现在说服他是没有用的。为了打破僵局，你应该尽快向对方表示出公司的诚意和热情。"

第二天早上天刚亮，公司负责人就兴高采烈地给卡耐基打电话说："先生，他又愿意接受工作了。"原来，昨天夜里他们分手以后，这位公司负责人又回到学者家附近，在那里拦了一辆出租车，等待着次日要搭第一趟火车去旅行的学者，并把学者送到了火车站。他又说："我一直祈祷着学者能乘坐我准备好的出租车，因为他坐不坐这辆车是事情能否成功的关键。"听他这么一说，卡耐基认为那位学者对公司的不信任感也该冰消瓦解了。

这件事只不过是卡耐基的一个小经历，相信很多读者也可能被对方这样拒绝过。不难看出，卡耐基之所以会感到那位学者拒绝工作的原因可能来自对公司的不信任感，可能是他从学者的言行中发现了具有不信任感的人所具有的特征。

用"心"说"理"

如果对人不信任，通常就会产生强烈的疑心。因此，一般人不认为是什么大问题的事情，懂交际的人却会觉得非常严重。例如，反复叮咛对方要守约、保守秘密、互相尊重人格等这些做人最基本的原则，或是将互相信任的人之间用来开玩笑的事情视为了不得的大问题。

同时，一个人若是担心自己不知何时会被不信任的对方所“出卖”，也会表现出拒绝对方接近的态度。例如，说话带刺，或是你说一句，他却反驳两三句。不过，这些尚属初期的表现，一个怀有根深蒂固的不信任感的人，或认为反驳对方也无济于事的人，往往会采取没有反应、装作没听见或爱理不理的拒绝方式。尽管他与你对面而坐，却往往表示出与所谓敞开胸襟的态度完全相反的别扭态度。有时虽然自己不开口，却想窥测你心中的细微变化，因此他的眼神中会充满冷漠的寒光或将视线移向别处。

还需要注意的是，如果发现对方持有不信任感，这时对他使用不适应他心理的交流方法，反而会加厚对方的心理屏障。因此，首先要搞清楚对方产生不信任感的原因，然后再根据它将会怎样发展下去这种心理结构，进行进一步的交流往来。

勇于认错更能得人心

在人际交往中，免不了碰上双方互相僵持的局面，双方都有一定依据，这时，你不妨承认自己是错的，那么就等于承认对方是对的。表面上是你吃了亏，但是仔细想想，你并没有什么损失，反而可以获得更大的利益。

“心道”秘闻

有一次六年级语文测验，语文老师误将一名学生答对的题扣了分。卷子发下来后，这名学生举手说道：“老师，您应该向我道歉，您给我批错了。”顿时，教室里一片寂静，语文老师也愣住了。老师走过去看了一下卷子，然后笑着说：“对不起，的确是我错了！”

事后有人问这位语文老师：“您当时不觉得窘迫或者气愤吗？”他却

说："像这样有勇气，而且是非分明的学生，很少见，我很欣赏。"当然人们也非常佩服这位敢于承认错误的老师。无形中这位语文老师已经在别人心中树立了美好的形象。

遗憾的是，生活中的我们，有时候犯了错，不是马上去道歉，而是想办法去辩解，或者干脆不道歉。这样自然会使双方关系出现裂痕，而且会越来越大。

用"心"说"理"

没有人愿意听一个做错事的人为自己的错误找借口。能主动承认自己错误的人，更容易得到别人的谅解，并给人以谦恭有礼的感觉。因此，承认自己的错误，会使你比不承认自己错误的人高明得多。当你要别人接受你的观点时，请坚持这样的准则："只要错了，就坚决承认。"

有些人犯了错误不主动道歉，可能是碍于身份，因为对方是他的下属、客户的朋友，又或者是自己的孩子。他们认为这样道歉失去了个人尊严，可他们却不想想：一味坚持自己的错误，不肯道歉，又谈什么尊严呢？

不负责任的人不会赢得他人的信赖，不敢道歉意味着不敢对自己的行为负责。

是的，没有人喜欢犯错误，因为犯错误意味着办事失败，而失败大多是一些痛苦的经验，甚至让你的人生受到重创。不过，一生顺利未曾尝过失败滋味的人，恐怕是少之又少的，每个人都或多或少经历过失败的痛苦，只是程度轻重而已。

很多人"一谈失败则色变"。然而，若是换一个角度来看，失败其实是一种必要的过程，而且也是必要的投资。数学家习惯称失败为"或然率"，科学家则称之为"试验"，如果没有前面一次又一次的失败，哪里会有后面所谓的成功？

每个人都会犯错，这个道理大家都知道，可是一旦降临到自己的身上，很多人就会犯嘀咕："难道要我承认我不如别人？"于是很多时候，人们不愿意承认自己的错误。这就造成了人与人之间的交往障碍，因为每个人都坚持自己是对的，而观点有时确实是对立的，于是便留下了埋怨、不满和争执，甚至影响业务往来。这种情况在实际生活中屡见不鲜。

其实，失败并不可耻，不失败才是反常，重要的是面对失败的态度，是能反败为胜，还是从此一蹶不振？优秀的人士绝不会因为失败而怀忧忘志，他们常常会回过头来分析、改正，并从中发现重生的契机。

有一名专事研究运动员的美国宾西法尼亚州州立大学教授卡尔文，他曾以一群奥运体操选手为研究对象，发现那些成绩出色的运动员普遍具有两个特点：一是从不抱完美主义想法；二是对过去的失误从不放在心上，只专注于未来的挑战。

所以，不管遇到什么事，都不要跟你的顾客、朋友或反对者争辩，别老是指责他错了，也不要刺激他，而是要采取必要的让步。讲究一点方法才能改变他人对你的看法，才会使你的办事之路一帆风顺。

不愿面对失误与不肯承认错误同样糟糕。其实，在办事的过程中，若能把失误当成人生必修课，并且能勇于承认失误、改正错误，你会发现，你的办事过程将会更加顺利。

记住有关对方的小事，让他感觉被重视

有人说过这样一句话："朋友不是属于有钱人和有权人的，而是属于有心人的。"如果你想要获得朋友，就要把对方放在心上。希望获得别人的关注是人类的天性之一，每个人都渴望受到别人的关注和重视，渴望成为人们谈话的焦点。我们在与人相处的过程中，不要只考虑自己的内心感受，更要注意满足别人的这种心理需求，如记住朋友的一些小事，关心他生活中的小细节和小烦恼，这样可以让朋友感觉被重视。

"心道"秘闻

一次，纽约商人、政治家威廉·比尔登门拜访当时共和党的领袖马可·汉纳。比尔对汉纳有些偏见，因此对谈话并没有表现出十分的热情。然而

比尔发现，在整个交谈过程中，汉纳从头到尾都在讲关于比尔的事情：关于比尔的父亲，关于比尔对政纲的意见，等等。

汉纳说：“你来自俄亥俄州吧？你的父亲是不是比尔法官？他是民主党的……”汉纳像是在和一位世侄交谈一样说：“嗯，你父亲可是个非常厉害的角色，害得我几个朋友在一次石油生意上损失了许多钱呢！”

在整个谈话过程中，汉纳讲到许多关于比尔的小事。就这样，当谈话结束的时候，比尔对于汉纳的反感已经烟消云散了。几天后，威廉·比尔甚至成了汉纳忠诚的支持者。在此后的几年中，威廉·比尔最愿意做的事情就是为自己曾经厌恶的汉纳服务。

用“心”说“理”

由此可见，在与人交往的过程中，努力记住对方的小事，并且在适当的时候让对方知道你记住了关于他的事情，能够让对方获得一种被人重视、被人关注的心理满足感，进而对你产生好感。并且，你所记住的事情越是微小、越是不起眼，当对方得知你记住了它们时，他获得的心理满足感就越大，对你产生的好感也就越大。

通过记住有关对方的小事来获得对方的好感，是一个非常有效的社交心理策略，无论对方是大人物还是普通人，这个方法都同样有效。以访问大人物而闻名的新闻记者马可森说：“当你将大人物们曾经说过的话复述出来的时候，他们的心情就会显得格外的好，对你也会表现得格外友善。”

那些善于交际的人都十分明白这种策略带来的好

处，他们总会在适当的时刻顺便问一两句对方的个人事情，以表示他们将对方正在做的事、对方的喜好记挂在心上，让对方感觉这些小事他们早该忘记但是却没想到他们还挂在心上，从而让对方的心里产生非常愉悦的感受，进而对他们产生好感。

这个方法实施起来很容易，然而或许正是因为它容易，人们才常常忽略它，人们总是记得与自己有关的事，而忘记与他人有关的事。因此，从现在开始，努力记住那些和朋友有关的事情吧，一旦那些在对方看来微不足道的小事从你口中说出时，你就在无形中靠近了对方。

心理测试：你是个讲诚信的人吗

测试导语

你是一个言而有信的人吗？请完成下面的测试：

测试开始

1. 开车路上突然捡到一部手机，你会：

A. 想办法联系失主　B. 占为己有

2. 与朋友约会迟到了，你会：

A. 坦诚并道歉　B. 找借口应付

3. 考试时别人要你写答案，你会：

A. 不理他　B. 写上答案传给他

4. 有人说，当今社会中讲信用的人太少了，与别人讲信用会吃亏的。你同意吗？

A. 不同意　B. 同意

5. 一个年轻人跋涉在漫漫人生路上，渡船时风起云涌，需要他丢掉健康、美貌、诚信、机敏、才学、金钱、荣誉七个背囊中的一个，他抛弃了诚信，他做的对吗？

A. 不对　B. 对

评价标准

选 A 得 1 分，选 B 得 0 分。

心理透析

0 分：你就像题 5 中的年轻人一样，抛弃了诚信，是一个丧失诚信的人。

1 ~ 4 分：这类人在不同程度上对诚信有些怀疑，处于诚信与欺骗的交叉路口，衷心劝告这类人要擦亮自己的眼睛，选择正确的诚信之路，以免一失足成千古恨，后悔莫及。

5 分：你是一个诚信的人，若能坚持下去，诚信会帮你成就一番事业的。

第十四章

说服对方的心理学

所谓“君子动口不动手”，就是指在社会活动中以理服人。本章就是教你在面对难缠的对手时，利用自己人观点，或投其所好观点等说服对方，攻占对方的心理防线，从而达到自己的最终目的。

站在对方的立场上说话

站在他人的立场上来分析他人的问题，能够给他人一种为他着想的感觉，这种投其所好的技巧往往具有更强的说服力。说话时，站在对方的立场，以对方的利益为出发点，容易拉近彼此的距离，更加容易被人接受，从而获得良好的谈话效果。

"心道"秘闻

迈克是美国某钢铁公司的总经理，他很想为公司物色一栋新房子。于是他请来某房地产经纪人贝蒂，对她说："贝蒂女士，我们公司的房子是租别人的，我想还是拥有一所自己的房子才好。您能帮我这个忙吗？"

"当然可以。您对房子有什么要求吗？"贝蒂问道。

"我想买的房子最好也能看到这样的景色，或是可以眺望港湾的，请您帮我物色一所条件相当的吧。"迈克用手指着窗外说。

贝蒂顺着迈克办公室的窗户向外望去，只见江中船来船往，十分繁华热闹。

回去以后，贝蒂用几个星期的时间来琢磨与这所房子条件相当的房子。她又是画图纸，又是造预算，但这些东西竟然没有一点儿实际用处。

不料有一次，她竟然仅凭两句话和五分钟的沉默，就卖给了迈克一所房子。

在迈克钢铁公司的隔壁有一栋楼房可以眺望江景，迈克似乎很想买那栋房子。

当迈克第二次请贝蒂来商量买房事宜时，贝蒂却极力劝他买了钢铁公司目前租住的那栋旧楼房，同时提醒迈克说："隔壁那栋房子所能眺望到的江景，不久就会被一个计划中的新建筑遮挡住，而这栋旧楼房依然可以眺望江景很多年。”

迈克立刻对贝蒂的建议表示反对，并竭力表示他对这所旧楼房绝对无意。贝蒂并不急着争辩，而是认真地倾听，同时脑子飞快地旋转着，迈克心里究竟是怎样想的呢？他始终坚决反对购买这所旧楼房，但是他反对的理由都很琐碎，显然可以看出，这并不是他本人的意见，而是那些主张买隔壁楼房的职员的意见。贝蒂听着听着，心里顿时明白了八九分，她知道迈克说的并不是真心话，他真正想买的其实正是他口口声声说反对的这所旧楼房。

由于贝蒂一言不发地坐在那里，迈克也就停了下来，不再说下去。这时贝蒂开始运用她的策略，她非常平静地说：“迈克先生，您刚来纽约的时候，您的办公室在哪里？”

“这里。”迈克缓缓地回答。

贝蒂接着又问：“钢铁公司是在哪里成立的？您的事业是在哪里诞生的？”

“这里。”迈克说得很慢。

于是，贝蒂也不再说什么了。就这样过了五分钟，他们都默默地眺望着窗外。

终于，迈克以略带兴奋的腔调对贝蒂说：“我手下的职员们差不多都主张搬出这栋旧房子，不过这是我们的发祥地啊！我们的事业是在这里诞生和发展的，这里是我们应该长驻下去的地方呀！”就这样，迈克最终决定买下这所旧房子。

用“心”说“理”

贝蒂之所以会成功，就在于她从两次与迈克的交谈中琢磨出了迈克心中的真正想法，说出了迈克想说但又说不出口的话。可见，面对不易被说服的人，最好的办法就是，使对方认为你与他是站在同一个立场上的。站在他人的立场上，帮助别人分析问题，就能给人一种为他着想的感觉。这种换位思考的说服方法，往往具有非常强的说服力。

通常而言，当你想要和说服的对象进行较量时，双方都会筑起一道心理防线，尤其是在危急关头。这时，如果想要成功说服对方，首先就要将对方的防范心理彻底消除。那么，怎么样消除呢？

从潜意识层面来讲，防范心理的产生源于一种自卫，即当人们把对方当成假想敌时产生的一种自卫心理。想要消除这种自卫心理，最好的办法就是反复给予对方暗示，向对方表明自己是他的朋友而非敌人。这种暗示可以采用多种方法进行，比如嘘寒问暖、给予关心或提供帮助等。

心理学家为销售人员提出了一种非常有效的销售方法，就是要求销售人员将自己想象成客户，就是指从客户的立场与角度出发思考问题，说客户希望听到的话。

但是在现实的销售过程中，销售人员往往喜欢站在自己的立场上思考问题，说自己想说的话，如自己的产品如何好，如何与众不同，能给客户带来怎样的利益和好处，等等。但客户往往不想听这些。所以销售人员在说话之前，一定要事先考虑一下。唯有把每一句话都说到客户的心坎里，才有希望赢得客户的“芳心”。

那么，怎样才能把话说到对方心坎里呢？这就要求你设身处地地替对方着想，了解对方的态度和观点，站在对方的立场上说话。因为，这样不但能沟通良好，还可以清楚地了解对方的思想和“软肋”，从而说服对方。

适当“威胁”，说服更奏效

适当地运用“威胁”策略可以提高说服力。这里的“威胁”是指在说服中告诉对方如果不这样做，将会产生哪些消极的后果，而这些后果都与对方的利益息息相关，从而让对方产生压力。对方为了缓解这种压力，就会不由自主地接受你的想法。对方越是认为可能出现的状况很糟糕，就越是难以拒绝你提出的解决方法。

“心道”秘闻

周同打算做一个项目，他想找一个同事一起来干。当他将自己的想法告诉同事小徐的时候，小徐有点儿欲言又止，犹豫不决。

看到小徐的反应，周同说：“你不是一直想找个项目锻炼一下自己吗？这个机会可是不错的。”

小徐说：“是吗，这个项目有什么特别的吗？”

周同说：“是的，这个项目会应用到目前最先进的技术，我们为此已经购买了大量的设备和材料。这些都是我们以前没有尝试过的。”

小徐说：“嗯，说的也是啊。”

周同说：“况且，你在公司里面现在也不是特别受重视，要是借这个机会展现一下自己的才能，没准能够得到晋升的机会。再说了，公司现在正在招兵买马，大量引进高学历人才，要是等到别人做出成绩，你目前的岗位恐怕就会有危险。你要是真的失业了，你们一大家子人谁来养活啊……”

“好了，别说了。我和你一起干！”没等周同说完，小徐便爽快地答应了他。

在说服别人的过程中，对别人进行适当的“威胁”是有助于成功的。运用这种方法来劝说别人时，所使用的“威胁”并不是真正的威胁，而是以此使对方懂得利害关系，使其产生一定的压力。“威胁”策略的重点应该落在对于消极后果的说明上，这样才能起到说服的作用。

用“心”说“理”

现实生活中，有时候说服者不太敢用这种“威胁”策略，生怕谈糟了弄得鸡飞蛋打。但是，懂得说服技巧的高手都非常偏爱这种方法。他们会想方设法地探究对方的真实意图，因为摸清了底牌，就掌握了谈判的主动权。这时，以什么方式取胜，便不是什么难题了。在谈判中，当你有十分把握的时候，不妨适度“威胁”一下对方。

“威胁”能够增强说服力，我们可以用友善的“威胁”给对方巧设压力，从而达到说服的目的。但是，在运用这一策略时要注意以下几点。

1. 态度要友善，不要让对方感觉你真的在威胁他，而是让对方明白你是在提醒他一个被他忽略的事实。

2. 用道理阐明论点，并明确地告诉对方结果是什么。

3. “威胁”要把握火候，切忌言辞偏激，否则就会弄巧成拙。

要让对方明白，现实可能比想象的严重，所以听取你的意见就是最好的选择。要让对方知道，主动地接受建议总比被迫接受你所描绘的“可怕结果”要好很多。所以，应用这一技巧的关键就在于一定要对你所“威胁”的内容进行生动的描绘，那样，对方才会有所触动，不敢怠慢。

激将法让事情进展更顺利

激将法是一种有效的攻心说服术——通过反向刺激，让被刺激者做出正向行为。谈判中的激将法就是谈判者通过一定的语言手段刺激对方，激发对方的某种情感，由此引起对方的情绪波动和心态变化，并使这种情绪波动和心态变化朝着自己所预期的方向发展。

“心道”秘闻

江海市某橡胶厂进口了一整套现代化皮鞋生产线，但由于原料与技术力量跟不上设备，搁置两年还没派上用场。后来，新任厂长决定将设备转卖给望江市一家皮鞋厂。甲方了解到乙方两个重要情况。

一是该厂经济实力雄厚，但资金基本上都投入了再生产，一时没有足够的闲余资金购置设备。二是该厂厂长年轻、争强好胜，在任何情况下都不甘示弱。

在对对方情况进行一番侦察后，甲方厂长决定亲自与乙方厂长谈判。

甲方厂长：“昨天在贵厂转了一整天，详细了解了贵厂的生产情况。你们的管理水平确实令人信服。您年轻有为，真令我钦佩。可以肯定，在您这位精明厂长的带领下，过不了多久，贵厂将成为我国制鞋行业的一颗新星！”

乙方厂长：“老兄过奖了！我年轻无知，还望得到老兄的指教！”

甲方厂长：“我向来不会奉承人，实事求是嘛。”

乙方厂长：“老兄对我厂的设备印象如何？你们那套进口设备不是要转卖吗？”

甲方厂长：“我厂现在的生产设备，在国内看至少三年内不会落后。至于转卖设备之事，之前是有过这样的想法。但现在，我的想法有所改变了。”

乙方厂长：“此话怎讲？”

甲方厂长：“实不相瞒，我心中现在有两个疑问：第一，我怀疑贵厂是否真有经济实力购买这套设备；第二，我怀疑贵厂有没有这方面的技术力量。所以，我并不像原先考虑的那样，准备将设备转卖给贵厂。”

乙方厂长听到这些话，觉得甲方厂长看不起自己，心中十分不悦。

于是，乙方厂长毫不犹豫地与甲方厂长签订购置这套设备的合同。

经过一番巧妙周旋，甲方厂长成功地将闲置两年的设备转卖给乙方。

巧用激将法能改变对方的心态，使对方在失去“理智”的情况下，自觉地钻进你设下的“圈套”中，从而达到自己的目的。

用“心”说“理”

所谓激将法，就是利用别人的自尊心和逆反心理，以“刺激”的方式，激起对方不服输的情绪，将其潜能发挥出来，从而得到不同寻常的说服效果。

运用激将法说服人时，可考虑以下三种激将方法：

第一，直激法。这种激将法就是面对面、直截了当地贬低、刺激、羞辱对方，以达到使他“跳起来”的目的。

第二，暗激法。利用暗激法时，可以有意识地褒扬第三方，暗中贬低对方，激发他产生压倒、超过第三方的欲望。

第三，导激法。导激法就是在说服对方的时候做到“激中有导”，用明确或诱导性的语言把对方的热情激发出来，把对方在其他方面的优点引导到另一方面。

运用激将法时，销售人员应注意以下几个问题：

1. 运用激将法时，一定要根据不同的交谈对象，采用不同的激将方法，这样才能收到满意的效果，达到说服的目的。

2. 在运用激将法时，要注意不能逼迫对方。不应该向对方提出这样的问题：“您下定决心了吗？”“您是买还是不买？”

3. 运用激将法要有分寸。做事一定要注意火候，避免过犹不及。掌握好分寸就是要求不能使用不痛不痒的语言，言辞也不要过于尖刻。

4. 运用激将法要抓住时机。出言不宜过早，也不宜过迟，否则会变成“马后炮”。

顺言逆意归谬法，让强势的他也点头

当我们面对强势、恶势的人，或者固执己见的人时，直接反驳其错误会有诸多的不便，而最有效、最巧妙的方法当属归谬说服法了。所谓归谬说服，与直接反驳对方的错误观点大相径庭，而是先假设对方的观点言之有理，然后据此引申出一个连对方也不得不承认其荒谬的结论，从而心甘情愿地放弃原有的错误观点和主张，无条件地接受说服者输出的思想信息。

“心道”秘闻

优孟，春秋时期楚国宫廷艺人，喜欢辩论，常常能够用诙谐的语言委婉地劝谏。

楚庄王得了一匹马，十分珍爱。他给马穿锦绣做的衣服，让马住在华丽的房子里，用挂着帷帐的床给它做卧席，用蜜渍的枣干喂养它。结果马因得肥胖症死了，楚庄王非常伤心，于是他让臣子们按照安葬大夫的礼仪安葬它，要求用棺椁殡殓。群臣纷纷劝阻楚庄王这不合体制的荒唐行为，但是楚庄王不听，还下令说：“谁要是因为此事进谏，立即处死。”此后再没有人敢劝谏此事。

优孟听说了这件事，进了宫廷大门就仰天大哭起来。楚庄王吃了一惊，问他所因何事。优孟说：“这马是大王心爱之马，我们堂堂楚国怎么能按照大夫的礼仪安葬它，这太寒碜了，应该用安葬国君的礼仪安葬它。”庄王不解：“怎么葬法？”优孟回答说：“我建议用雕花的玉石和花纹精美的樟木分别做内、外层棺材，发动士兵给它挖掘墓穴，让年老体弱的人背土筑坟，请齐国、赵国的代表在前面陪祭，请韩国、魏国的代表在后头守卫，要盖一所庙宇用牛羊猪祭供它，还要拨个万户的大县长年管祭祀之事。我想各国听到这件事，都会知道大王轻视人而重视马了。”楚庄王恍然大悟，说：“我的过错竟然已经到这个地步了吗？那我现在该怎么办？”优孟说：“大王不如把这件事交给我来办吧，堆个土灶做外椁，用口铜锅当棺材，调配好姜枣，再加点儿木兰，用稻米做祭品，用火光做衣服，把它安葬在人们的肚肠里吧！”楚庄王将葬马的事交给了优孟，优孟用对待六畜的办法悄悄地“安葬”了马。

用“心”说“理”

在说服他人的过程中，抓住对方观点中隐蔽的荒谬点，加以推衍，或由此及彼，或由小到大，或由隐到显，最后得出一个荒谬可笑的结论，从而攻破对方错误的论点。这种说服方法用来对待某些恶人时，会达到一种辛辣讽刺的效果，使其知难而退，从而达到软性说服的目的。

说服可以说是无处不在的，面对朋友、家人、同事，甚至陌生人时，说服都有可能发生。而当我们面对强势或恶势人的时候，说服尤为困难，在这两者面前，说服最适宜采用引申归谬的方法。

用商量的口吻向对方提建议

任何人都是有自尊、讲面子的，所以，在说服他人的过程中，多用商量的口气给他提建议，少下命令，这样不但能避免伤害别人的自尊，而且会使他们觉得你平易近人，进而乐于接受你的建议，与你友好地合作。

“心道”秘闻

混迹在金融界的邱先生就很懂得这一点，他在给别人提建议的时候，从不用命令式的口吻去说服别人，而多用商量的口吻。譬如有人会说：“我叫你这么做，你就这么做。”他从不这么说，而是用商量的口气说：“你看这样做好不好呢？”如果他要秘书帮他写一封信，在把大致要点说了之后，他会问问秘书：“你觉得这样是否妥当？”待秘书按照要求把信写完之后，邱先生看过觉得有需要修改的地方，就会说：“你觉得这样写是不是更好一些呢？”邱先生虽然处于发号施令的地位，却懂得别人是不喜欢听命令的，所以他从不用命令的口吻对待人。因此，邱先生身边的人都愿意和他相处，并乐于按照他的说法去做。所以，当我们要说服某个人时，最好也多用建议的口吻。

肖恩是一所职业学校的老师，他有一个学生因故迟到了，肖恩以非常严厉的口吻问道："你怎么能浪费大家的时间？不知道大家都在等你吗？"

当学生回答时，他又吼道："你回去吧，既然不想听我的课，以后也不用来了。"这名学生是错了，他不应该不先打个招呼，因而耽误了其他同学上课。但从那天起，不止这名学生对肖恩的举止感到不满，全班的学生都与他过不去。他原本完全可以用另外一种方式处理这件事，假如他友善地问："你有什么事情要处理吗？问题解决了吗？"并说："如果你这样有事情不事先通知，那么大家的课程都被耽误了。"这名学生一定很乐意接受，而且其他同学也不会有什么想法了。

用"心"说"理"

所以，要说服他人最好别用命令的口吻，不然，不但达不到你想要的说服效果，还可能使事情越弄越糟。多使用建议的口吻，通过这种方法，人们便会很愿意改正他们的错误，而且维护了对方的自尊，使他们认为自己很重要，并配合你的工作，而不是反抗你。

指桑骂槐，能达到很好的说服效果

所谓指桑骂槐，还有一个漂亮的别名叫"春秋笔法"，即明明对某人某事不满，但并不直接进行攻击，而是采用迂回的方式表露自己的意愿。

"心道"秘闻

有个人去拜访朋友，在朋友的邀请下留了下来，可是这个人天天喝酒，住了很长时间还没有要走的意思，当初是朋友主动留下他的，现在也不好意思赶他走。这时朋友想了这么一个办法。

主人带着一壶酒去找他。两人面对面地坐着喝酒，主人讲了这么一个故事："在一个僻静的路上，有只老虎常出来伤人。这天，有个贩卖瓷器的商人路过，老虎猛扑过来，张着血盆大口。说时迟，那时快，商人拿起手边的一个瓷器朝老虎狠狠地扔了过去，老虎不离开，商人又拿一瓶扔了过去，老虎依然不动。瓷器快扔完了，还剩下最后一个，商人于是指着老虎高声骂道："畜生畜生！你走也只有这一瓶，你不走也只有这一瓶！"

客人一听，拔腿就走了。

主人明说老虎，暗指客人，将老虎的"不走"暗指对方久居不走，客人一听就明白了，拔腿就走，这种暗示性的警告达到了逐客的目的，避免了主客的正面交锋。

用"心"说"理"

对某些人不合情理的愚蠢行为，应该立即制止。然而在某些特殊情况下，对某些特殊的人物，直接针锋相对，不但会伤及双方的情面，而且往往达不到你想要的效果。此时，指桑骂槐的委婉说服法就派上用场了。

这种指桑骂槐的说服人的技巧，既不会伤害双方之间的情谊，还能达到很好的说服效果。尤其是双方之间本来就有隔阂，若是再对其中一方横加指责，被指责一方会认为对方在"假公济私"地针对他，误会会加深，那就更不要指望有什么说服效果了。

指桑骂槐，指 A 骂 B。那为什么要责备 A 呢？因为平时你与 A 之间不存在隔阂，即使 A 犯了同样的过错而受到上司的指责，他也不会感到十分在意。但是，因为当时 B 也在场，他听后心里会想"原来这样的过错我也犯过"，于是你的目的便已达到。

可见，指桑骂槐式的劝服法能达到很好的效果。所以，当你对他人的做法感到厌恶、但又不好当面说明，或对某些特殊的大人物不能直接指出他的错误时，这种劝服方法尤为适用。

不过，这种说服技巧也要注意场合，不要滥用，如果滥用此方法去攻击同事和朋友，只能导致众叛亲离的恶劣后果。

让对方在催眠中自我说服

我们这里所谈到的“催眠”指的是交谈式催眠，即通过交谈使对方进入一种更容易接受你影响的状态。这种催眠模式的基础是“联想”，也就是说把真正想表达的意图隐藏在所说之话的背后，让对方联想接受你的想法可以给他带来的利益，联想享受你的服务可以给他带来的好处；联想不接纳这个想法可能产生的损失。这种联想会令对方对你的讲话印象深刻，并将产生让其自我说服的绝妙效果。

“心道”秘闻

孙雪最近报名参加了一个健身俱乐部，但她总是觉得自己一个人去没什么乐趣，于是就想劝说自己的好朋友小娜一起去。

孙雪对小娜说：“和我一起去锻炼吧，可以减肥的啊。”

“是吗，但是我觉得工作已经挺累的了……怕自己坚持不下来啊。”

孙雪看到小娜有点儿犹豫，于是对她说道：“这可能需要一点毅力。不过你想，当你锻炼完之后，洗个热水澡，然后躺在床上，那种放松的感觉是多么的舒服。”

说着这话时，孙雪仰起头、深吸一口气、闭着眼，做出一副非常享受的表情，就好像自己在体验那种全身放松的感觉。

小娜看到她这样的表情，联想到自己健身之后会产生的舒适感和减肥效果，非常渴望自己能获得那样的体验。于是她非常开心地答应了和孙雪一起办健身卡去锻炼。

通过描述性语言的介绍，对方很容易产生一种愉悦的感觉，这便是催眠式语言所产生的推动力与感染力。

用"心"说"理"

一些特殊的语句可以使对方在无形中进入你的催眠模式，促使对方按照你的意图进行活动。当你想让一个朋友和你一起去吃饭的时候，你可能会说："那家店的水煮鱼很好吃，在那里你可以自己选择烹制辣味程度。我们去那儿吃吧。"这就是一种催眠式话语，可以引导别人去想象一件事，并对其进行一定程度地催眠。

以下这些都是催眠式话语：

"你也许想参加这个课程的培训，亲身感受一些培训效果。""您是否感觉到穿上这件衬衫非常精神？""你愿不愿意到这个公园里走走，那样身体会觉得很舒服的。""你有没有兴趣到新成立的部门做一名业务员呢？""如果我有办法，你愿意尝试一下吗？""你觉不觉得和我合作让你感觉十分轻松？"

具体催眠方式如下：

1. 设置因果法

设置因果法的典型句式是"为了……请你……"或者"为了……所以……"。

只要大家注意观察就会发现，人们往往很注重做事的原因，如果你直接要求一个人去做某事而不说明原因，对方一般都会有反抗心理，因为没有人愿意不明不白地去做某事。

经过下面两句话的对比，大家就清楚了。

A：请你们保持安静，不要窃窃私语。

B：为了保证我们有个良好的学习环境，同时体现每个人的良好素质和修养，请大家在听讲座的过程中保持会场安静，不要窃窃私语。

对此，你能很容易作出判断：B比较容易被人接受并获得配合。

再看下面这样的话术。

A：明天我们去图书馆吧。

B：为了使我们的论述更加具有科学性，明天我们去图书馆查看一下参考资料，好吧？

在这个话术当中需要注意的是，当你想要对方给予回复的时候，最好不用“如何”的问法，因为这样等于把主动权交给了对方；你可以用“好吧”这样的词语为问题设置附加条件，并稍微加重语气，如此对方表示反对意见的可能性就会很小。

2. N+1 语言模式

什么是 N+1 语言模式？这种语言模式就是先给对方设置几个疑问，然后给出答案。

“你想让肌肤保持紧致而富有弹性吗？你想在一个月之内减掉 20 斤的体重吗？你想让朋友们都对你投来羡慕的目光吗？现在，你只需要投资 888 元，就可以获得这套减肥美体礼盒。”这就叫作 N+1 语言模式。这一表达方法前面的问题个数，可以视情况而定。

应用交谈式催眠表达的语言能够直接抵达对方的潜意识，给对方的大脑以巨大冲击，它会让说服对象沉浸在你的催眠话语中，从而认可你的想法。

心理测试：你是不是一个“会说话”的人

测试导语

你是否经常羡慕别人在演讲台上演讲时条理清晰并口若悬河，是否希望自己也能拥有这样的本领？会说话，并不仅仅意味着拥有流利的口才，还需要拥有一些技巧，也就是不仅要会说，还要知道面对不同的人应该采取什么样的与之相应的方式。如果你擅长通过语言和人沟通，表明你的口才很好，就等同于为你插上成功的翅膀；倘若你平时不善于与人交流，则往往容易引起不必要的纠纷或误会。下面的测试就能测出你究竟会不会“说话”。

测试开始

1. 遭遇一次挫折之后，你是否觉得需要一个人静一静才能清醒和整理好思路？

A. 是的

B. 有时

C. 一般不会

2. 你和哪种人最容易相处？

A. 各种人

B. 和已经了解的人

C. 和相处很久的人，但往往仍感到很困难

3. 你是否总是在人群中的气氛达到高潮时反而有一种强烈的失落感？

A. 经常如此

B. 有时

C. 从未有过

4. 当有人试图与你交谈或对你讲解一些与你关系不大的事情时，你是

否时常觉得很难聚精会神地听下去？

A. 是的

B. 有时

C. 一般不会

5. 你是否会刻意避免表达自己的感受，因为你认为自己说了别人也不会理解？

A. 强烈肯定

B. 有时

C. 绝对否定

6. 你是否认为轻易流露心情和感受的人是没有内涵的？

A. 是的

B. 有时

C. 不是

7. 一个陌生人详细地向你讲述他从恋爱到失恋的全过程，并期待你的回应，你会：

A. 极不情愿，觉得不舒服

B. 无动于衷

C. 很乐意倾听并积极开导他

8. 当你不是话题的中心人物时，你会不由自主地走神吗？

A. 一定

B. 有时

C. 绝对不会

9. 你一般情况下不会向他人倾吐自己的心事，除非他是你相交多年的密友？

A. 是的

B. 有时

C. 绝对不会

评价标准：

选 A 得 1 分，选 B 得 2 分，选 C 得 3 分。

心理透析

9 ~ 14 分：你是一个很会说话的人。你对交际非常擅长，经常会营造一种热烈气氛鼓励别人多说话，让别人感到与你相谈甚欢，彼此极为投机。像你这般善于说话的人，是十分受欢迎的，你知道见什么人说什么话。

15 ~ 21 分：你是一个外冷内热的人，实际上交谈也是你的强项之一，只是你不肯轻易显露。你大概对跟别人做朋友一事较为热衷。如果你与对方不怎么熟悉，你在最初的时候会表现得较为内向，不太愿意与对方交谈。但时间一长，你就会乐意跟他们搭话，甚至愿意彼此交心。

22 ~ 27 分：你不是那么会"说话"，也许你本身就有"语言排斥"倾向。这表示你只有在必要的情况下才愿意与别人交谈，或者你和对方有强烈的志同道合之感，认为相见恨晚时。一般情况下，你不愿意通过语言的形式去发展友谊，除非对方主动和你接触，否则，你很可能一直处于孤独的个人世界里，总而言之，你很可能有自闭倾向。

参考文献

[1] 杨洪清 . 国人必知的 1000 个心理学常识 [M]. 沈阳：万卷出版公司，2010.

[2] 米嘉文 .3 分钟读懂一个心理学常识 [M]. 北京：中国华侨出版社，2010.

[3] 宋豫书 . 20 岁以后要懂得的 100 个心理学常识 [M]. 北京：化学工业出版社，2010.

[4] 北涯 . 每天 5 分钟，轻松通读心理学——500 个贴身心理学常识 [M]. 哈尔滨：哈尔滨出版社，2011.

[5] 心之也 . 20 几岁必须要知道的心理学常识 [M]. 北京：石油工业出版社，2011.

[6] 鲁芳 . 三天读懂心理常识 [M]. 北京：中国法制出版社，2012.

[7] 郭琳 . 心理学实用常识速查宝典 [M]. 北京：清华大学出版社，2013.

[8] 李月，郑玉娟 . 口气读遍心理学常识 [M]. 北京：企业管理出版社，2013.

[9] 王炳仁 . 每天读点心理学 [M]. 北京：时事出版社，2014.

[10] 王惠敏 . 我最需要的心理学常识书 [M]. 北京：北京联合出版公司，2015.

[11] 杨珊珊 . 每天学点心理学 [M]. 北京：中国法制出版社，2015.

[12] 张弛 . 一口气读遍心理学常识 [M]. 北京：中国商业出版社，2016.

[13] 石楠 . 心理学常识常备实用百科 [M]. 北京：电子工业出版社，2016.

[14] 葛鲁嘉 . 常识形态的心理学——心理学的生活形态和日常存在 [M]. 上海：上海教育出版社，2016.

[15] 亦伟 . 学点用得上的心理常识 [M]. 北京：中国华侨出版社，2016.